石油企业岗位练兵手册

采油测试工

（油气生产单位专用）

大庆油田有限责任公司　编

石油工业出版社

图书在版编目（CIP）数据

采油测试工（油气生产单位专用）/大庆油田有限责任公司编．
北京：石油工业出版社，2013.9
（石油企业岗位练兵手册）
ISBN 978－7－5021－9754－4

Ⅰ. 采…
Ⅱ. 大…
Ⅲ. 油气测井-技术手册
Ⅳ. TE151－62

中国版本图书馆 CIP 数据核字（2013）第 211953 号

出版发行：石油工业出版社
（北京安定门外安华里 2 区 1 号　100011）
网　址：www.petropub.com
编辑部：(010) 64255590　图书营销中心：(010) 64523633
经　　销：全国新华书店
印　　刷：北京中石油彩色印刷有限责任公司

2013 年 9 月第 1 版　2022 年 6 月第 2 次印刷
787×1092 毫米　开本：1/32　印张：5.625
字数：127 千字

定价：18.00 元
（如出现印装质量问题，我社图书营销中心负责调换）

《石油企业岗位练兵手册》编委会

本书编审组

前 言

岗位练兵是大庆油田的优良传统，是强化基本功训练、提升员工素质的重要手段。新时期、新形势下，按照全面加强三基工作的有关要求，为进一步强化和规范经常性岗位练兵活动，切实提高基层员工队伍的基本素质，按照“实际、实用、实效”的原则，大庆油田有限责任公司人事部组织编写了《石油企业岗位练兵手册》丛书。围绕提升政治素养和业务技能的要求，本套丛书架构分为基本素养、基础知识、基本技能三部分。基本素养包括企业文化（大庆精神、铁人精神、优良传统）和职业道德等内容，基础知识包括与工种岗位密切相关的专业知识和 HSE 知识等内容，基本技能包括操作技能和常见故障判断处理等内容。本套丛书的编写，严格依据最新行业规范和技术标准，同时充分结合目前专业知识更新、生产设备调整、操作工艺优化等实际情况，具有突出的实用性和规范性的特点，既能作为基层开展岗位练兵、提高业务技能的实用教材，也可以作为员工岗位自学、单位开展技能竞赛的参考资料。

希望本套丛书的出版能够为各石油企业有所借鉴，为持续、深入地抓好基层全员培训工作，不断提升员工队伍整体素质，为实现石油企业科学发展提供人力资源保障。同时，也希望广大读者对本套丛书的修改完善提出宝贵意见，以便今后修订时能更好地规范和丰富其内容，为基层扎实有效地开展岗位练兵活动提供有力支撑。

编　者

2013 年 3 月

目　录

第一部分　基本素养

第二部分 基础知识

第三部分　基本技能

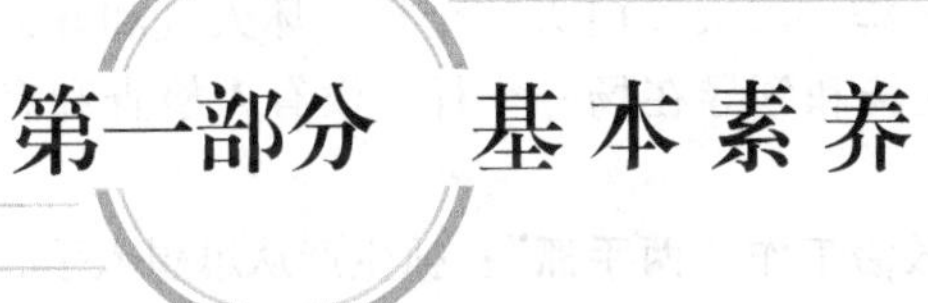

第一部分 基本素养

一、企业文化

（一）名词解释

1. 大庆精神：为国争光、为民族争气的爱国主义精神；独立自主、自力更生的艰苦创业精神；讲究科学、“三老四严”的求实精神；胸怀全局、为国分忧的奉献精神。

2. 铁人精神：“为国分忧、为民族争气”的爱国主义精神；为“早日把中国石油落后的帽子甩到太平洋里去”，“宁肯少活20年，拼命也要拿下大油田”的忘我拼搏精神；为干革命“有条件要上，没有条件创造条件也要上”的艰苦奋斗精神；“要为油田负责一辈子”，“干工作要经得起子孙后代检查”，对技术精益求精，为革命“练一身硬功夫、真本事”的科学求实精神；“甘愿为党和人民当一辈子老黄牛”，不计名利，不计报酬，埋头苦干的奉献精神。

3. 艰苦奋斗的六个传家宝：“人拉肩扛”精神，“干打垒”精神，“五把铁锹闹革命”精神，“缝补厂”精神，“回收队”精神，“修旧利废”精神。

4. 三老四严：对待革命事业，要当老实人，说老实话，办老实事；对待工作，要有严格的要求，严密的组织，严肃的态度，严明的纪律。

5. 四个一样：黑天和白天一个样，坏天气和好天气一个样，领导不在场和领导在场一个样，没有人检查和有人检查一个样。

6. 思想政治工作“两手抓”：抓生产从思想入手，抓思想从生产出发。这是大庆正确处理思想政治工作与经济工作关系的基本原则，也是大庆思想政治工作的一条基本经验。

7. 岗位责任制：岗位专责制、交接班制、巡回检查制、设备维修保养制、质量负责制、岗位练兵制、安全生产制、班组经济核算制。

8. 三基工作：以党支部建设为核心的基层建设，以岗位责任制为中心的基础工作，以岗位练兵为主要内容的基本功训练。

9. 四懂三会：懂设备性能、懂结构原理、懂操作要领、懂维护保养；会操作，会保养，会排除故障。

10. 五条要求：人人出手过得硬，事事做到规格化，项项工程质量全优，台台在用设备完好，处处注意勤俭节约。

11. 新时期铁人：王启民。

12. 大庆新铁人：李新民。

（二）问答

1. 简述大庆油田名称的由来。

1959 年 9 月 26 日，建国十周年大庆前夕，位于黑龙江省原肇州县大同镇附近的松基三井喷出了具有工业价值的油流，为了纪念这个大喜大庆的日子，当时黑龙江省委第一书记欧阳钦同志建议将该油田定名为大庆油田。

2. 中共中央何时批准大庆石油会战?

1960 年 2 月 13 日，石油工业部以党组的名义向中共中央、国务院提出了《关于东北松辽地区石油勘探情况和今后工作部署问题的报告》，1960 年 2 月 20 日中共中央正式批准大庆石油会战。

3. 什么是“两论”起家?

1960 年 4 月 10 日，大庆石油会战一开始，会战领导小组就以石油工业部机关党委的名义做出了《关于学习毛泽东同志所著〈实践论〉和〈矛盾论〉的决定》，号召广大会战职工学习毛泽东同志的《实践论》、《矛盾论》和毛泽东同志的其他著作，以马列主义、毛泽东思想指导石油大会战，用辩证唯物主义的立场、观点、方法，认识油田规律，分析和解决会战中遇到的各种问题。广大职工说，我们的会战是靠“两论”起家的。

4. 什么是“两分法”前进?

1964 年，《人民日报》发表了《大庆精神大庆人》长篇通讯。毛泽东同志发出了“工业学大庆”的号召。当时，又正值毛泽东同志发表了《加强相互学习，克服固步自封、骄傲自满》。石油工业部党组根据油田实际抓住时机，及时在全体职工中进行了“两分法”教育。“两分法”的主要内容是:在任何时候，对任何事情，都要运用“两分法”。成绩越好，形势越好，越要一分为二。要坚持学“两点论”，反对“一点论”，坚持辩证法，反对形而上学，揭矛盾，找差距，戒骄戒躁，不断前进。

5. 简述会战时期“五面红旗”及其具体事迹。

“五面红旗”喻指大庆石油会战初期涌现的五位先进榜

样：王进喜、马德仁、段兴枝、薛国邦、朱洪昌。钻井队长王进喜带领队伍人拉肩扛抬钻机，端水打井保开钻，在发生井喷的危急时刻，奋不顾身跳下泥浆池，用身体搅拌泥浆制服井喷；钻井队长马德仁在泥浆泵上水管线冻结时，不畏严寒，破冰下泥浆池，疏通上水管线；钻井队长段兴枝在吊车和拖拉机不足的情况下，利用钻机本身的动力设施，解决了钻机搬家的困难；大庆油田第一个采油队队长薛国邦自制绞车，给第一批油井清蜡，又手持蒸汽管下到油池里化开凝结的原油，保证了大庆油田首次原油外运列车顺利起程；工程队队长朱洪昌在供水管线漏水时，用手捂着漏点，忍着灼烧的疼痛，让焊工焊接裂缝，保证了供水工程提前竣工。

6. 大庆投产的第一口油井和试注成功的第一口水井各是什么？

1960 年 5 月 16 日，大庆第一口油井中 7－11 井投产；1960 年 10 月 18 日，大庆油田第一口注水井 7 排 11 井试注成功。

7. 会战时期讲的“三股气”是指什么？

对一个国家来讲，就要有民气；对一个队伍来讲，就要有士气；对一个人来讲，就要有志气。三股气结合起来，就会形成强大的力量。

8. 什么是“九热一冷”工作法？

“九热一冷”工作法是大庆石油会战中创造的一种领导工作方法，指在一旬中，九天跑基层了解情况，一天坐下来分析研究工作中的经验教训。

9. 什么是“三一”、“四到”、“五报”交接法？

对重要的生产部位要一点一点地交接、对主要的生产数据要一个一个地交接、对主要的生产工具要一件一件地交接；交接班时应该看到的要看到、应该听到的要听到、应该摸到的要摸到、应该闻到的要闻到；交接班时报检查部位、报部件名称、报生产状况、报存在的问题、报采取的措施，开好交接班会议，会议记录必须规范完整。

10. 大庆油田原油年产5000万吨以上持续稳产的时间是哪年？

1976年至2002年，大庆油田实现原油年产5000万吨以上连续27年高产稳产，创造了世界同类油田开发史上的奇迹。

11. 中国石油天然气集团公司核心经营管理理念是什么？

诚信：立诚守信，言真行实；创新：与时俱进，开拓创新；业绩：业绩至上，创造卓越；和谐：团结协作，营造和谐；安全：以人为本，安全第一。

12. 中国石油天然气集团公司企业精神是什么？

爱国：爱岗敬业，产业报国，持续发展，为增强综合国力作贡献。创业：艰苦奋斗，锐意进取，创业永恒，始终不渝地追求一流。求实：讲求科学，实事求是，“三老四严”，不断提高管理水平和科技水平。奉献：职工奉献企业，企业回报社会、回报客户、回报职工、回报投资者。

13. 新时期新阶段三基工作的基本内涵是什么？

基层建设、基础工作、基本素质。基层建设是以党建、班子建设为主要内容的基层组织和队伍建设，是企业发展的重要保障；基础工作是以质量、计量、标准化、制度、流程等为主要内容的基础性管理，是企业管理的重要着力点；基本素质是以政治素养和业务技能为主要内容的员工素质与能力，是企业综合实力的重要体现。

14. "十二五"时期，中国石油天然气集团公司全面推进三基工作新的重大工程的总体思路是什么？

以科学发展观为指导，紧紧围绕建设综合性国际能源公司战略目标，突出主题主线主旨，坚持以人为本、公平效率，坚持求真务实、与时俱进，更加注重制度的建设和执行，更加注重流程的规范和控制，更加注重管理的绩效和创新，全面提升基层建设、基础管理水平和员工基本素质，为实现集团公司可持续发展奠定坚实基础。

15. 中国石油天然气集团公司全面推进三基工作新的重大工程的主要目标是什么？

基层组织坚强有力，基础管理科学规范，基本素质整体优良，HSE 业绩显著提升，发展环境和谐稳定，服务型机关建设成效显著。

二、职业道德

（一）名词解释

1. 道德：是调节个人与自我、他人、社会和自然界之间关系的行为规范的总和。

2. 职业道德：同人们的职业活动紧密联系的、符合职业特点要求的道德准则、道德情操与道德品质的总和。

3. 爱岗敬业：爱岗就是热爱自己的工作岗位，热爱自己从事的职业；敬业就是以恭敬、严肃、负责的态度对待工作，一丝不苟，兢兢业业，专心致志。

4. 诚实守信：诚实就是真心诚意，实事求是，不虚假，不欺诈；守信就是遵守承诺，讲究信用，注重质量和信誉。

5. 劳动纪律：用人单位为形成和维持生产经营秩序，保证劳动合同得以履行，要求全体员工在集体劳动、工作、生活过程中，以及与劳动、工作紧密相关的其他过程中必须共同遵守的规则。

（二）问答

1. 社会主义精神文明建设的根本任务是什么？

适应社会主义现代化建设的需要，培育有理想、有道德、有文化、有纪律的社会主义公民，提高整个中华民族的思想道德素质和科学文化素质。

2. 我国社会主义思想道德建设的基本要求是什么？

爱祖国、爱人民、爱劳动、爱科学、爱社会主义。

3. 为什么要遵守职业道德？

职业道德是社会道德体系的重要组成部分，它一方面具有社会道德的一般作用，另一方面它又具有自身的特殊作用，具体表现在：（1）调节职业交往中从业人员内部以及从业人员与服务对象间的关系。（2）有助于维护和提高本行业的信誉。（3）促进本行业的发展。（4）有助于提高全社会的道德水平。

4. 爱岗敬业的基本要求是什么？

（1）要乐业。乐业就是从内心里热爱并热心于自己所从事的职业和岗位，把干好工作当作最快乐的事，做到其乐融融。（2）要勤业。勤业是指忠于职守，认真负责，刻苦勤奋，不懈努力。（3）要精业。精业是指对本职工作业务纯熟，精益求精，力求使自己的技能不断提高，使自己的工作成果尽善尽美，不断地有所进步、有所发明、有所创造。

5. 诚实守信的基本要求是什么？

要诚信无欺，要讲究质量，要信守合同。

6. 职业纪律的重要性是什么？

职业纪律影响到企业的形象，职业纪律关系到企业的成败，遵守职业纪律是企业选择员工的重要标准，遵守职业纪律关系到员工个人事业的成功与发展。

7. 合作的重要性是什么？

合作是企业生产经营顺利进行的内在要求，是从业人员汲取智慧和力量的重要手段，是打造优秀团队的有效途径。

8. 奉献的重要性是什么？

奉献是企业发展的保障，是从业人员履行职业责任的必由之路，有助于创造良好的工作环境，是从业人员实现职业理想的途径。

9. 奉献的基本要求是什么？

(1) 尽职尽责。要明确岗位职责，要培养职责情感，要全力以赴工作。(2) 尊重集体。以企业利益为重，正确对待个人利益，要树立职业理想。(3) 为人民服务。树立为人民服务的意识，培育为人民服务的荣誉感，提高为人民服务的本领。

10. 企业员工应具备的职业素养是什么？

诚实守信、爱岗敬业、团结互助、文明礼貌、办事公道、勤劳节俭、开拓创新。

11. 培养“四有”职工队伍的主要内容是什么？

有理想、有道德、有文化、有纪律。

12. 如何做到团结互助？

(1) 具备强烈的归属感。(2) 参与和分享。(3) 平等尊

重。(4) 信任。(5) 协同合作。(6) 顾全大局。

13. 职业道德行为养成的途径和方法是什么?

(1) 在日常生活中培养。从小事做起,严格遵守行为规范;从自我做起,自觉养成良好习惯。(2) 在专业学习中训练。增强职业意识,遵守职业规范;重视技能训练,提高职业素养。(3) 在社会实践中体验。参加社会实践,培养职业道德;学做结合,知行统一。(4) 在自我修养中提高。体验生活,经常进行"内省";学习榜样,努力做到"慎独"。(5) 在职业活动中强化。将职业道德知识内化为信念;将职业道德信念外化为行为。

14. 中国石油天然气集团公司员工职业道德规范具体内容是什么?

(1) 遵守公司经营业务所在地的法律、法规。(2) 认真践行公司精神、宗旨及核心经营管理理念。(3) 遵守公司章程,诚实守信,忠诚于公司。(4) 继承弘扬大庆精神、铁人精神和中国石油优良传统作风。(5) 认真履行岗位职责。(6) 坚持公平公正。(7) 保护公司资产并用于合法目的。(8) 禁止参与可能导致与公司有利益冲突的活动。

15. 对违纪员工的处理原则是什么?

(1) 教育为主、惩罚为辅。(2) 区别情节、分类对待。(3) 实事求是、依法处理。

16. 对员工的奖励包括哪几种?

记功、记大功,晋级,通令嘉奖,授予先进生产(工作)者、劳动模范等荣誉称号。在给予上述奖励时,可以发给一次性奖金。

17. 对员工的行政处分包括哪几种？

警告、记过、记大过、降级、撤职、留用察看、开除。在给予上述行政处分的同时，可以给予一次性罚款。

18.《中国石油天然气集团公司反违章禁令》有哪些规定？

为进一步规范员工安全行为，防止和杜绝“三违”现象，保障员工生命安全和企业生产经营的顺利进行，特制定本禁令。

一、严禁特种作业无有效操作证人员上岗操作；

二、严禁违反操作规程操作；

三、严禁无票证从事危险作业；

四、严禁脱岗、睡岗和酒后上岗；

五、严禁违反规定运输民爆物品、放射源和危险化学品；

六、严禁违章指挥、强令他人违章作业。

员工违反上述禁令，给予行政处分；造成事故的，解除劳动合同。

第二部分 基础知识

一、专业知识

（一）名词解释

1. 注水井： 油田开采过程中，为了补充油层能量，用来向油层注水的井。

2. 生产井： 用来开采油、气而钻的井。

3. 激动井： 在进行干扰试井时，人为地改变井的工作制度，以便对相邻井造成干扰的井。

4. 反映井： 位于激动井周围，用来观测激动井改变工作制度所造成的井底压力变化的井。

5. 正注： 注入井从油管向地层注水。

6. 反注： 注入井从套管向地层注水。

7. 合注： 由油管和套管同时向地层注水。

8. 笼统注水： 在同一注水压力下，不分层段注水的方式。

9. 分层注水： 把注水井各油层，根据油层性质的特点，把性质相近的油层合为一个注水层段，然后用封隔器把各个层段分隔开，根据不同的吸水能力，装配不同直径的井下水嘴控制注水量，即分层注水。

10. 分层测试：利用井下仪器与井下分隔油层的装置或工具相配合，从而取得分层压力、产量、含水和温度等同一井中不同油层资料的测试方法。

11. 分层注水测试率：实际分层测试井数与分注井总井数的百分比。

12. 分层注水合格率：注水合格层段数与减去停注层时分层总层段数的百分比。

13. 注采比：油田注入剂的地下体积与采出液量的地下体积之比。

14. 注采平衡：油田注入剂的地下体积与采出液量的地下体积相等。

15. 注水压差：注水井流动压力与静压的差值。

16. 吸水指数：单位注水压差下的日注水量。

17. 吸水指示曲线：在稳定流动的条件下，注入压力与注入量的关系曲线。在分层注水情况下，各小层注入压力与小层注水量的关系曲线叫分层吸水指示曲线。

18. 注水强度：单位有效厚度的日注水量。

19. 地下亏空：注入剂的地下体积小于采出液量的地下体积。

20. 压力平衡：注水补充给油层的压力与采油消耗的压力相等。

21. 启动压力：注水井开始吸水时的压力。

22. 视流量：分层测试曲线上每个停测点上所显示出的流量。

23. 视流压：分层测试曲线上每个停测点上所显示出的压力。

24. 管损：注水井管线及油管内的沿程压力损失。

25. 嘴损：注入水通过水嘴时产生的压力损失。

26. 油压：原油从井底流到井口后的剩余压力。

27. 套压：油套环形空间内油和气的剩余压力。

28. 回压：通常所说的回压是指干线回压，它是出油干线的压力对井口油管压力的一种反压力。

29. 静压：油井投入正式生产后，利用短期关井，井底压力不断上升，待压力恢复到稳定时所测得的油层中部压力。

30. 流压：油井正常生产时所测得的油层中部压力。

31. 静水柱压力：从井口到油层中部深度水柱所产生的压力。

32. 饱和压力：溶解在原油中的天然气刚刚开始分离出来时的压力。

33. 基准面压力：由于油层深度不同，压力也不相同，为了正确地对比井与井之间压力的高低，把所有的井都折算到同一海拔深度来比较，这一相同海拔高度的压力称为基准面压力。

34. 原始地层压力：油田未投入开发时，在最初探井内所测得的油层中部压力。

35. 总压差：目前地层压力与原始地层压力的差值。

36. 生产压差：目前地层压力与流动压力的差值。

37. 静压梯度：油井关井后井底压力恢复到稳定时，每米液柱所产生的压力。

38. 压力系数：原始地层压力与静水柱压力之比。

39. 破裂压力：油、气层岩石开始产生裂缝时的井底压力。

40. 冲程：抽油机工作时，驴头带动光杆从下死点运行到上死点时的这段光杆长度称为冲程。

41. 冲次：抽油机驴头每分钟上下往复运动的次数。

42. 动液面：抽油机井生产稳定时，利用回声仪测得油套环形空间内液面到井口的距离。

43. 静液面：抽油机井关井后，油套管环形空间内的液面高度不断上升，待上升到一定高度稳定下来，套压也无变化，这时所测得的油套环空内的液面至井口的距离称为静液面。

44. 沉没度：泵深与动液面的差值。

45. 示功图：利用示功仪在抽油机一个抽汲周期内所测取的封闭曲线，它能了解深井泵的工作状况。

46. 冲程损失：随着抽油杆的往复运动，载荷不断交替转移，油管和抽油杆也不断伸长和缩短，使活塞实际运行距离小于光杆冲程长度，这一差值叫冲程损失。

47. 充满系数：上冲程吸入泵内液体的体积同上冲程活塞让出容积的比值。

48. 泵效：抽油泵的实际排量与理论排量的比值，用百分数表示。

49. 泵的理论排量：深井泵在理想情况下，活塞一个冲程中可以排出的液量称为泵的理论排量，它在数值上等于活塞上移一个冲程时所让出的体积。

50. 防冲距：抽油泵活塞运行到最低点时，活塞最下端和固定阀之间的距离。

51. 套补距：从套管最末一个接箍上平面到转盘补心的距离。

52. 油补距：从油管悬挂器平面到转盘补心的距离称为油补距。下井工具深度为下井工具长度加上油补距。

53. 人工井底：油井固井完成后，留在套管内最下部的一

段水泥塞的顶面称为人工井底。

54. 水泥塞：固井后从完钻井深到人工井底这段水泥柱称为水泥塞。

55. 水泥返高：固井时油层套管和井壁之间环形空间内，水泥上升的高度称为水泥返高。

56. 封隔器：在井筒内，密封井内的工作管柱与井筒内壁环形空间的封隔工具称为封隔器。

57. 检泵：抽油泵在生产过程中会发生各种故障，把排除故障和调整泵的工作参数的工作统称检泵。

58. 酸化：酸化是油气井增产、水井增注的主要手段之一，其原理是用酸液解除生产井和注水井井底附近的污染，清除孔隙或裂缝中的堵塞物质或沟通（扩大）地层原有孔隙或裂缝，提高地层渗透率，从而实现增产增注的目的。

59. 释放：封隔器下入井中的预定位置时，让封隔器的胶皮筒胀开，起分隔上、下油层的作用的这个过程称为释放。释放方式因封隔器和管柱结构的不同可分为机械释放和水力释放两种。

60. 压裂：压裂是指由高压泵将压裂液以超过地层吸收能力的排量注入井中，在井底造成高压，以克服最小地层应力、岩石的扩张强度与断裂韧性，使地层断裂并延伸裂缝，并由支撑剂对其进行支撑，在储集层中形成一定几何形状的支撑裂缝，最终实现增产增注的目的。

61. 注水井洗井：把注水井井底和井筒的腐蚀物、杂质等沉淀物冲洗出来，达到井底和井筒清洁，避免油气层堵塞的一种措施叫注水井洗井（分为正洗井与反洗井）。

62. 开发方式：依靠哪种驱动能量来进行油田开发称为方式，分为依靠天然能量驱油和人工补给能量驱油。

63. 注水方式：注水井在油田上的部位和油水井的排列分布关系称为注水方式。

64. 井网：油、气、水井在油（气）田上的排列和分布称为井网。

65. 层间矛盾：非均质、多油层油田开发，由于层与层之间的渗透率存在着差异，注水开发后，在吸水能力、水线推进速度、地层压力、采油速度、水淹状况等方面，层与层之间产生了差异，这种差异称为层间矛盾。

66. 平面矛盾：一个油层在平面上由于渗透率高低及连通性不同，使井网对油层控制情况也不同，注水后，水线在一个方向上的推进速度也不一样，有快有慢，促成同一油层井之间含水、产量、压力均不相同，这就构成了同一油层各井之间的差异，这种差异称为平面矛盾。

67. 层内矛盾：在一个油层内部，由于组成油砂体颗粒不同，有大有小，因此渗透性也不相同，注水后，注入水沿阻力小的高渗透带突进，再加上地下油水黏度、表面张力、岩石表面性质的差异等，便形成了层内矛盾。

68. 单层突进：非均质多油层油田，各小层渗透率差别很大，注入水沿高渗透层推进速度快，这种现象叫单层突进。

69. 局部舌进：小层内部在平面上存在非均质性，各部位渗透率差别大，造成注入水的推进速度不一致，沿高渗透带推进快，这种现象叫舌进。

70. 渗透率：在一定的压差条件下，岩石能让液体通过的能力称为渗透性，渗透性的好坏用渗透率表示。

71. 限制层：限制层是指对高含水层、高压油层限制注水，减小层间矛盾。

72. 加强层：加强层是指对低渗透油层、低含水油层、注

水未见效的层段及低压层加强注水，提高它的出油能力，以充分发挥这类油层的潜力。

73. 接替层：当主力油层采出程度和含水较高，产油量开始递减时，要及时加强低渗透层的开采，弥补主力油层产油量的减少，这种在油田稳产中起接替作用的油层称为接替层。

74. 采油指数：单位压差下的日采油量。

75. 体积系数：质量相等的地下原油体积与地面脱气后原油体积之比。

76. 压缩系数：单位体积原油在压力增减0.1MPa下，原油体积收缩或膨胀的程度。

77. 溶解系数：在一定温度下压力每增加0.1MPa时，单位体积原油中所溶解天然气的多少，单位为m^3/（m^3·MPa）。

78. 孔隙度：油层岩石中孔隙体积与岩石总体积的比值称为孔隙度，它是衡量孔隙性好坏的重要指标。

79. 有效孔隙度：有效孔隙度是指油层岩石中那些相互连通的，且在一定压力条件下，允许流体在其中流动的孔隙体积与油层岩石总体积的比值。

80. 稳定流：井底压力和流量与时间无关的渗流。

81. 采收率：油气田采出的油气量占地质储量的百分数称为采收率。

82. 一次采油：一般都是利用天然能量进行开采，直至油田天然能量枯竭，油井不能自喷生产为止，这一阶段的开采方式称为一次采油。

83. 二次采油：通过注水使油藏能量恢复，可维持较长的自喷开采期，使油田采收率达到30%～40%，称为二次采油。

84. 三次采油：当二次采油末期油田含水上升到经济极

限，再用注水以外的新技术继续进行开采，称为三次采油。

85. 聚合物的降解：由于化学、机械、细菌的作用以及温度的升高、氧的侵入而导致聚合物的视黏度下降，称为聚合物的降解。

86. 原油的凝点：原油冷却到失去流动性时的温度。

87. 压力恢复试井：压力恢复试井是不稳定试井中较常用的一种方法，可用于油井、气井和注水井。试井时将原先以某一工作制度生产的油井、气井关井，使井底压力逐步恢复，用井下压力计测量井底压力随时间的恢复值。

88. 压力降落试井：试井时将关闭较长时间的井以某一稳定流量开井生产，用井下压力计记录井底压力随时间的降落值。

89. 探测液面法试井：通过探测液面高度随时间的变化，再把液面高度换算成井底压力，即可获得压力降落或压力恢复的试井资料，这是在没有自喷能力的井中常用的一种试井方法。

90. 脉冲试井：指试井时，周期性地改变激动井（脉冲井）的生产状态（开井与关井），使其产生一系列短时压力脉冲，用高灵敏度的压力计连续记录反映井由压力脉冲引起的压力变化，这种试井就称为脉冲试井。

91. 探边测试：指用较长的测试时间使流体达到拟稳定流状态，以获得拟稳定压力降落数据的一种压力降落试井方法。

92. 干扰试井：指试井时，通过改变激动井的工作制度（反复开关井操作）使周围反映井的井底压力发生变化并用高灵敏度的压力计连续记录下来，然后根据这些测试资料来确定地层的连通方向和断层的封闭程度，求出井间地层的流动系数、导压系数等参数。

（二）问答

1. 什么是试井？试井有哪些方法？

（1）试井是指为加深对油层的认识、为制定合理的油田开发方案和措施而提供依据的方法。它是以渗流力学理论为基础，以各种测试仪表为手段，通过对油水井生产动态的测试，研究油层各种物理参数和油水井生产能力。试井工作由测试仪表、工艺操作和试井研究解释三项内容组成。

（2）试井分为稳定试井和不稳定试井两种方法。

2. 试井有什么用途？

（1）计算地层参数。

（2）计算地层压力。

（3）探测油气边界、油水边界，计算油气井的泄油半径，确定断层位置等。

（4）计算油藏储量。

（5）了解井间连通情况及水动力系统情况。

（6）了解油井和油田的生产能力，确定合理的油井工作制度。

（7）了解油层温度及分布规律。

（8）了解油层油、气、水的特征。

（9）检查与判断油、气、水井增产措施效果。

（10）检查和判断井下工具的工作状况。

3. 试井常录取的资料有哪些？

试井常录取的资料有流压、静压、压力恢复（或降落）曲线、动液面、静液面、液面恢复曲线、井下及地面流量、分层产量、分层压力、分层取样、深井取样、高压物性取样、井下温度、井下砂面探测、井下封隔器密封性检查及抽油井示功图等。

4. 什么是稳定试井?

稳定试井也叫系统试井或稳定排出法。它是通过人为地改变油井工作方式，测得在各种工作方式下相应的稳定产量和压力值，并根据这些数据绘出指示曲线，从而了解油井生产能力。

5. 稳定试井有什么用途?

在油田投入开发以前的试采阶段，常用稳定试井法确定油层的产能和合理工作制度，了解油井生产压差与产量之间的关系。在注水开发的油田中常用此法获取注水井生产压差与注水量的关系曲线，分析地层吸水状况，选配合理的工作制度。在分层采油井上，各开采层合理工作制度的选择也常用稳定试井法。

6. 怎样进行稳定试井?

(1) 按由小到大的次序改变油井工作制度，一般应改变4个制度。

(2) 当井底压力稳定时，测取不同工作制度下的产量、压力、气油比、油水比和出砂情况等有关资料。

(3) 将录取的资料绘成指示曲线。

(4) 根据指示曲线和油流方程式求出有关油井的采油指数和其他地层参数，进而确定油井的合理工作制度。

7. 什么是不稳定试井?

不稳定试井也称压力降落(或恢复)试井。它是利用油水井工作制度改变后的不稳定压力分布过程，录取有关资料求得地层压力及参数的方法，包括压力恢复试井、压力降落试井、探测液面法试井、变流量试井、干扰试井、脉冲试井、探边测试等。

8. 不稳定试井有什么用途？

利用不稳定试井资料能解决下述问题：

（1）确定油层压力及分布。

（2）确定地层的各项参数，如流动系数、地层系数等。

（3）判断油层各种边界位置，如油水界面、断层位置、地层尖灭等。

（4）判断油水井增产措施效果。

（5）了解油水井井下工具的工作状况。

（6）了解油层温度变化及其分布规律。

（7）估算油气藏边界及单井控制储量。

9. 什么是常规试井解释？

采用均质径向流油层模型和传统的单对数坐标系，将已知的压力和时间的关系采用霍纳法、MDH法处理，从而求解地层参数和地层压力的方法叫常规试井解释。

10. 分层测试有什么意义？

分层测试是了解同一井内各油层层间差异的最好方法，是实现分层研究、分层改造和分层管理的重要前提，是油井调整挖潜的重要环节。

11. 什么是指示曲线？什么是稳定试井曲线？

（1）根据稳定试井测得的油、气、水井产量或注入量和生产压差关系做出的曲线称为指示曲线。

（2）油井稳定试井时，每个工作制度都要取得油、气、水产量、流压、油压、套压、井温、含砂量等资料，用这些资料绘制的曲线称为稳定试井曲线。

12. 注水井分层指示曲线的作用？

注水井分层指示曲线主要应用在以下几个方面：

（1）反应地层吸水能力变化，为分层配水提供依据。

（2）反应地层压力的回升情况。

（3）检验封隔器的密封情况。

（4）反应注水井井底干净程度。

（5）能够发现套管外串槽现象。

13. 什么是井身结构？它由什么组成？井身结构中各组分的作用是什么？

（1）井身结构是一口井内下入套管层数、套管直径、下入深度以及相应井段的钻头直径，各层套管外水泥浆上返高度（深度）和射孔井段等的总称。

（2）井身结构主要由下入井内的各类套管（导管、表层套管、技术套管、油层套管）及各层套管外的水泥环组成。

（3）井身结构中各组成部分的作用：

①导管：在井身结构中下入的第一层套管称为导管。导管的作用主要是建立开钻的钻井液循环系统，钻井时是否下入导管要依据地表层的坚硬程度与结构状态来确定。下入导管的深度一般取决于地表层的深度，通常导管下入深度为2～40m。

②表层套管：在井身结构中下入的第二层套管称为表层套管。表层套管的作用是用以封隔上部松软地层和水层，加固上部疏松岩层的井壁，还可供井口安装封井器用。下入深度几十米到几百米，管外水泥返至地面。

③技术套管：它在表层套管和生产套管之间，用来封隔表层套管以下的较复杂的地层，如高压水层、气层、漏失层或坍塌层。

④油层套管：它用来封隔油、气、水层，建立一条封固严密的永久性通道，下入的深度一般应超过油层底界30m以上。井身结构如图1所示。

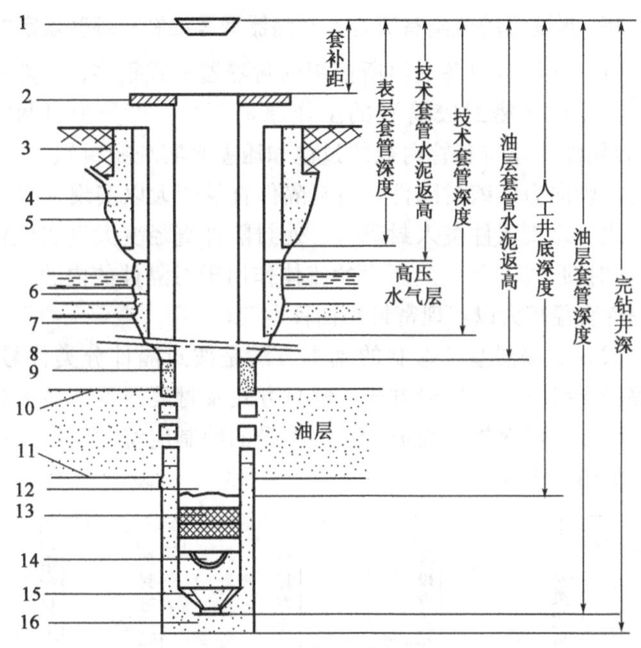

图1 井身结构示意图

1—方补心；2—套管头；3—导管；4—表层套管；5—表层套管水泥环；6—技术套管；7—技术套管水泥环；8—油层套管；9—油层套管水泥环；10—油层上线；11—油层下线；12—人工井底；13—胶木塞；14—承托环；15—套管鞋；16—完钻井底

14. 封隔器的作用及基本参数是什么？

(1) 封隔器的主要元件是胶皮筒，通过水力或机械的作用，使胶皮筒膨胀密封油、套管环形空间，把上、下油层分隔开，达到某种施工目的。

（2）封隔器的基本参数包括工作压力、工作温度、钢体最大外径和钢体的通径四个基本参数。

15. 封隔器的分类有哪些？封隔器型号编制有哪些规定？

（1）我国目前各油田所使用的封隔器型式很多，一般按照其封隔件（密封胶筒）的工作原理不同，可分为自封式（靠封隔件外径与套管内径的过盈和压差来实现密封）、压缩式（靠轴向力压缩封隔件，使封隔件直径变大以实现密封）、楔入式（靠楔入件楔入封隔件，使封隔件直径变大以实现密封）和扩张式（靠一定压力的流体作用于封隔件的内腔，使封隔件直径扩大以实现密封）四种类型。

（2）封隔器型号编制的基本方法是按封隔件分类代号、封隔器支撑方式、坐封方式、解封方式及封隔器钢体最大外径五个参数依次排列而成的。其型号的编制应符合下面的规定，如图2所示。

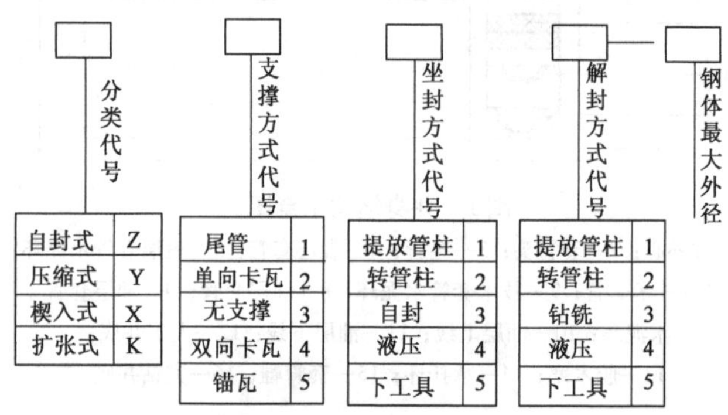

图2　封隔器的分类及型号编制示意图

其中分类代号是用分类名称的第一个汉字拼音大写字母表示。支撑方式、坐封方式和解封方式均用阿拉伯数字表示。

钢体最大外径则用实际尺寸的阿拉伯数字表示，单位为 mm。封隔器的特殊用途可以加到封隔器型号的后面，例如，Y211－114 型封隔器表示该封隔器封隔件的工作原理为压缩式、单向卡瓦支撑、提放管柱坐封、提放管柱解封、钢体最大外径为 114mm，KY344－114 型高压封隔器表示该封隔器有工作原理为扩张式和压缩式两种封隔件、无支撑、液压坐封、（解除）液压解封、钢体最大外径为 114mm 的适用高压情况下（如深井压裂）的封隔器。

16. 注水井偏心堵塞器结构及工作原理是什么?

（1）结构：主要由主体、打捞杆、压盖、支撑座、凸轮、密封段、出液孔、水嘴、液网罩（滤网）组成。

（2）正常注水时，堵塞器靠支撑座 ϕ22mm 台阶坐于工作筒导体的偏心孔上，凸轮卡于偏孔上部扩孔处。密封段上、下各有两道“O”形密封圈，将工作筒偏心孔上下封死，注入水经堵塞器滤罩、水嘴、密封段的出液槽经偏心孔注入油层。偏心堵塞器结构如图 3 所示。

17. 普通式偏心分注管柱的结构组成及特点是什么?

（1）普通式偏心分注管柱主要由油管、偏心配水器、封隔器、球座或丝堵组合而成。

（2）普通式偏心分注管柱的特点是：此种管柱是利用封隔器将全井各注水层段分隔开，配水器可对多层分注井实行分层配注，用钢丝投捞配水器中的堵塞器更换水嘴来实现各层段注水量的调整要求。实现在不动管柱情况下任意调换井下水嘴和进行分层测试，测试层段的注水量时不影响其他层段的注水。此种管柱坐封方便，解封容易，便于洗井，可多级使用。普通式偏心分注管柱如图 4 所示。

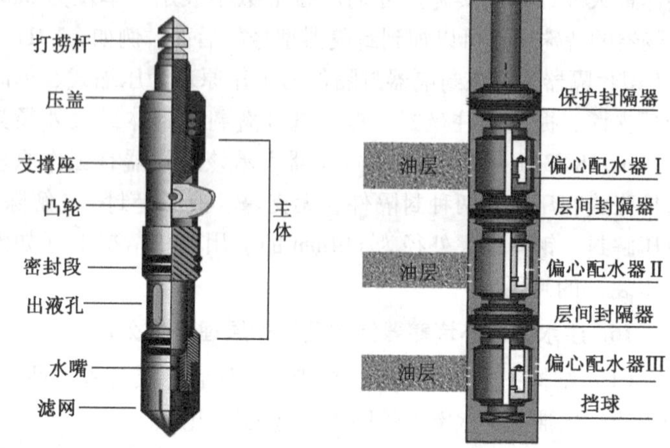

图3　偏心堵塞器结构示意图　　图4　普通式偏心分注管柱结构示意图

18. 桥式偏心分层注水管柱的结构组成是什么？测试工艺有哪些优点？

（1）结构组成：桥式偏心分层注水管柱（图5）主要由油管、Y341－114型封隔器（或Y341－114型可洗井封隔器）、桥式偏心配水器及球座等组成。

（2）测试工艺的优点：

①桥式偏心配水器的主体设计有主通道、多个旁通孔和一个安装堵塞器的偏孔，可以多级使用。

②在本层段进行流量或压力测试时，其他层段依然可以通过桥式通道正常注水，不改变其他层段的工作状态，最大限度地减小各层之间的层间干扰。

③这种结构设计配套测试密封段使用，实现单层流量及压力测试，消除了流量叠加误差，能有效提高分层流量及压

力测试的准确性。桥式偏心分层注水管柱的结构如图5所示。

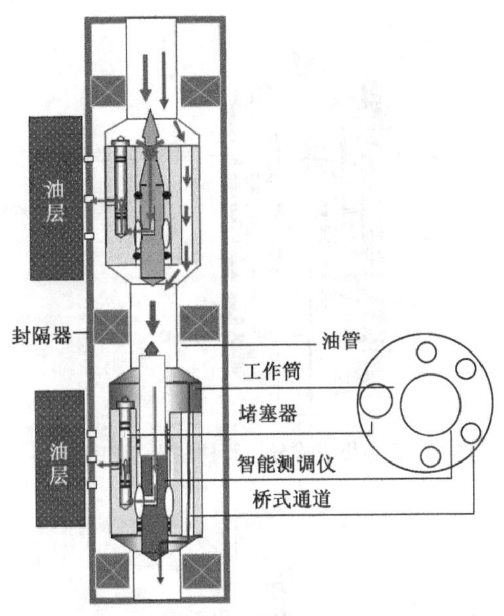

图5 桥式偏心分层注水管柱结构示意图

19. 偏心集成式分注管柱的工作原理是什么?

正常注水时，配水器的主通道与桥式通道同时过水，向油层补充能量。测试时，主通道被密封段坐封，只有该层段的水经流量计、配水器过水孔，通过堵塞器水嘴，由上部的过流孔进入油套环空，进入油层，而下面层段的注水由桥式通道过流。测试、注水互不干扰，偏心集成式分注管柱注入工艺如图6所示。

20. 偏心集成式分注管柱的结构组成及工艺特点是什么?

(1) 结构组成：偏心集成式分注管柱由油管、井下封隔器、井下配水封隔器、集成式配水堵塞器（图 7)、球座等组成。

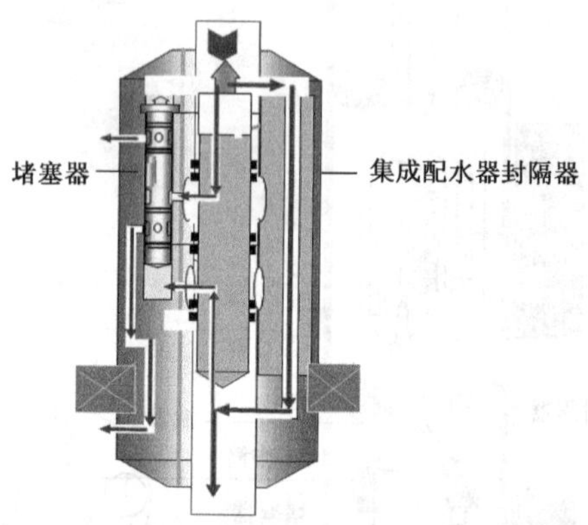

图 6　偏心集成式分注管柱注入工艺示意图

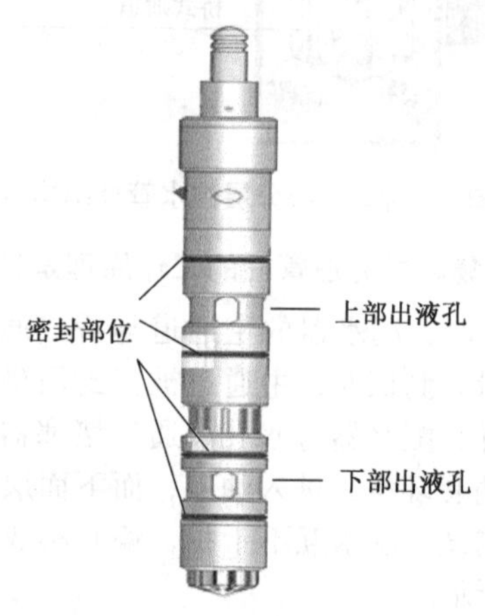

图 7　集成式配水堵塞器示意图

（2）工艺特点：偏心集成式分注工艺由桥式偏心、同心集成式工艺结合而成，采用偏心结构设计。主要是将封隔器与配水器合二为一，即一个配水器、堵塞器给两个层段配水。在配水器中形成上下两个过流通道，一个堵塞器装有两个水嘴。通过封隔器胶筒上、下各自独立的配水通道，利用一个堵塞器对封隔器上、下两个油层进行分注。调配时，投捞一次，完成两个层段的调配，再由这样的配水器组成的注水工艺就叫偏心集成式注水工艺。

21. 常用的试井设备有哪些？

常用的试井设备有试井车、综合诊断车、绞车、遥测车、校验设备和标定设备。

22. 常用的试井仪器有哪些？

常用的试井仪器有井下压力计、井下产（流）量计、井下温度计、井下时钟、井下取样器、综合测试仪、动力仪和回声仪等。

23. 什么是井下流量计？按工作原理分哪几种类型？

（1）凡用于分层采出井或分层注入井中，测试各生产层段产量或注入量的仪器叫井下流量计。

（2）井下流量计按工作原理分为浮子式流量计、涡轮式流量计、电磁式流量计、超声波式流量计等。

24. 什么是集流式流量计？

集流式流量计是指测试仪器利用密封段坐在被测井段上，使注入水的流量完全通过仪器的计量部分，从而测出流量的流量计。

25. 什么是非集流式流量计？

非集流式流量计是指测试仪器只需吊在所测层位配水器

以上的油管中，通过测注入水在通过油管中的中心流速而测试出流量的流量计。

26. 如何选择三采分注井分层流量测试的仪器?

由于三采分注井的注入介质聚合物的特殊性，三采注入井测试要选用受非牛顿流体介质影响小的电磁流量计进行井下流量测试及压力测试。

27. 流量计、压力计、示功仪、压力表多长时间校对一次?

大庆油田有限责任公司规定流量计、压力计每两个月校对一次，示功仪和压力表一个月校对一次。

28. 什么是投捞器? 它的分类有哪些?

（1）在偏心分层测配井中专门用于打捞、投送堵塞器的工具叫投捞器。

（2）投捞器分为坐开式投捞器和提挂式投捞器。坐开式投捞器必须撞击偏心管柱底部撞击头，才能释放投捞爪；而提挂式投捞器则不需要撞击撞击头，它上提通过工作筒变径处即释放投捞爪，目前常用的是提挂式投捞器。

29. 提挂式投捞器的结构和工作原理是什么?

（1）提挂式投捞器由绳帽、投捞器主体、上锁轮、投捞爪、四方接头、打捞头或压送头、下锁轮、导向爪、各种弹簧、螺钉组成。

（2）提挂式投捞器工作原理：投捞时，投捞爪的四方接头上连接打捞头或压送头，在上锁轮的作用下，收拢在投捞器主体内，导向爪在下锁轮的作用下也收拢起来，下入井内，当通过要打捞或投送的层位配水器时，上提投捞器过偏心工作筒，上、下锁轮碰撞工作筒或油管接箍释放投捞爪和定位爪，下放投捞器，导向爪与工作筒开口配合导向，保证投捞

爪对准偏孔，来完成打捞或投送偏心堵塞器。

30. 什么是堵塞器？偏心配水堵塞器的作用是什么？

（1）用来控制配产或配注器液流通道的工具叫堵塞器。

（2）分层配产时，堵塞器可以装上井下油嘴来控制单层产液量。分层注水时，堵塞器可装上井下水嘴，控制单层注水量。作业时，可用堵塞器装上死嘴投入工作筒，使封隔器便于泄压并进行不压井起管柱施工。测试时，可利用堵塞器装上原层段油（水）嘴测得实际生产的流量和有关参数，也可利用堵塞器依次换装不同油（水）嘴来实现对单层进行流量的控制。

31. 什么是振荡器？振荡器的分类及其作用是什么？

（1）振荡器是测试过程中用于打捞井下仪器或落物的辅助工具，其作用是在打捞井下仪器或落物时，增加打捞工具的冲击力量。（2）振荡器的分类：按工作原理可分为直击机械式振荡器、机械弹簧式振荡器、水力振荡器、关节式振荡器。（3）振荡器的作用：测试调配过程中仪器、工具遇卡，用以振荡解卡。

32. 测试时为什么要用振荡器？怎样增加振荡器的冲击能量？

（1）因为振荡器可用来进行解卡处理，而且方便省力。因此，测试时一般要带上振荡器，以防仪器遇卡后能及时解卡。（2）只要在振荡器上部接加重杆即能增加振荡器的冲击能量。

33. 测试接头有哪些类型？各种类型的用途是什么？

（1）测试接头的类型：关节式接头、快速接头、滚轮杆接头、加速度接头。

（2）①关节式接头用途：用于较长的机械式仪器串下入有挠度的井中防止遇阻。

②快速接头用途：用于较长的机械式仪器串各段的连接，由于操作简便，可在井口把仪器串分段放入或取出防喷管。

③滚轮杆接头用途：用于长仪器串下入斜井，防止与井壁摩擦而损坏仪器。

④加速度接头用途：减缓起下仪器时的冲击力，用以保护仪器。

34. 测试加重杆有几种？其用途和特点是什么？

（1）测试加重杆的类型：钢制普通加重杆、水银加重杆、可通信号加重杆、附加在电缆上的加重杆。

（2）钢制普通加重杆用途：一般仪器下井时加重；特点：接于仪器上部或下部，用一般钢材制成，结构简单、加工容易，但重量较轻（目前使用的钨钢加重杆，重量比钢质加重杆增加较多）。

水银加重杆用途：可用于钢丝或电缆起下仪器；特点：单位长度具有较大的重量，但加工复杂，使用时须防止水银泄漏。

可通过信号加重杆用途：用于电缆测试仪器的加重；特点：接在仪器上方，避免由于重力和应力而影响仪器性能。

附在电缆上的加重杆用途：用于电缆测试仪器的加重；特点：加工简单，可避免前述几种加重杆缺点，但应避免损坏绳帽上方的电缆。

35. 卡瓦打捞筒的用途是什么？它由哪几部分组成？

（1）卡瓦打捞筒用于打捞油管内不带钢丝，外部带有伞形台阶的落物。

（2）卡瓦打捞筒由压紧接头、卡瓦筒、弹簧、挡圈、卡瓦片组成。

36. 卡瓦打捞筒的工作原理是什么？

(1) 当接有加重杆的打捞筒下入井中，其打捞筒有一斜面。

(2) 当落物的鱼顶顶住分成两片的卡瓦片向上移动时，卡瓦片上的齿夹住带鱼顶的伞形台阶。

(3) 上提打捞器，靠弹簧力使卡瓦片沿斜面向下移动，抓住落物，完成打捞动作。

37. 试井绞车液压系统的结构及原理是什么？

(1) 结构：试井绞车液压系统主要由发动机、液压泵、调节控制阀、液压马达、液压油箱及散热装置和管路组成。

(2) 原理：发动机启动后，带动液压马达，将液压油箱内的液压油输出，通过控制调节阀及管线传输给液压马达，使其转动并带动电缆绞车滚筒转动。通过控制调节阀改变液压油的输入方向，可改变液压马达的转动方向，改变液压油油量的大小来控制转动的速度。

38. 试井钢丝绞车的例保内容有哪些？

试井钢丝绞车的例保包括一保和二保。一保 15 天一次，各部件及绞车检查调整，紧固轴承加注黄油，配合处加机油润滑；二保 6 个月一次，拆卸清洗绞车部件，更换分动箱机油。

39. 注水井磁性定位的作用是什么？

磁性定位测井是根据井壁磁通量变化，利用磁性定位器检查井下工具深度的一种简便有效的测井方法，包括封隔器、配水器、油管深度等，用来检验作业施工质量。

40. 测试绞车液压油多长时间更换一次？

测试绞车液压油正常情况两年更换一次，如液压油变质要随时更换，对液压油位达不到规定标尺范围内的要及时添加液压油。

41. 试井钢丝多长时间更换一次？

（1）正常测试情况下，试井钢丝应半年更换一次，但还要根据情况而定，如经常打捞或遇卡钢丝受力较多的情况下，若钢丝变细，钢丝的韧性变弱、变脆时要随时更换。

（2）对于打扭，有死弯，砂眼及锈蚀严重的钢丝要及时更换。

42. 地滑轮的作用是什么？

在井口油压大于15MPa以上、仪器在井下遇卡或打捞时需安装地滑轮导向，来改变井口的受力方向，避免因井口负荷过大，造成拉倒防喷管的事故发生。

43. 测试电缆的机械性能有哪些指标？电缆的电气性能有哪些指标？

（1）测井电缆的机械性能指电缆的抗拉强度、耐腐蚀性、韧性及弹性等。

（2）测井电缆的电气性能指电阻、电容和电感。

44. 电缆计深装置由哪些部件组成？

电缆计深装置由支架、清零旋钮、计数器、传动软轴、后计量轮、减速传动轮、涡轮减速器、前计量轮、前导块、前压紧轮、压紧释手柄、后压紧轮及后导块等部件组成。

45. 测试中仪器损坏的原因有哪些？

（1）仪器没有放在专用箱或固定在架子上，车开动后，

仪器晃动或倒下。

（2）仪器放入防喷管时过快，发生顿闸板。

（3）提到井口时没有减速，撞击井口防喷盒。

（4）上卸仪器时未使用专用扳手，用管钳上卸而把仪器损坏。

（5）仪器螺纹未经常涂润滑油，致使螺纹磨损或错扣。

（6）下放过快或油管深度不清，撞击油管鞋。

（7）进行分层测试，坐封过猛。

（8）用仪器探砂面。

46. 测试中预防仪器损坏的措施有哪些？

（1）上井测试时将仪器放入专用箱或固定在架子上。

（2）仪器放入防喷管时，要慢放，以免顿闸板。

（3）仪器起到距井口 30m 时由人工手摇，使仪器慢慢进入防喷管。

（4）上卸仪器，禁止用管钳。

（5）每次测试时要擦洗螺纹并上专用润滑油。

（6）测试时弄清井下管柱情况，一般不得下出油管鞋。

（7）进行分层测试时，接近坐封位置不得猛放。

（8）不准用仪器探测砂面。

47. 配水嘴的作用是什么？

配水嘴的作用是控制水量，实现定量注水。

48. 水嘴调配选择的原理是什么？

利用配水嘴的节流作用，降低层段注水压力，从而达到控制高渗透层注水量的目的。因此可以通过配水嘴后需要降低的注水压力（即嘴损压力）来求得配水嘴的尺寸。

49. 注水井分层测试的目的是什么？

注水井分层测试主要用来了解油层吸水能力及其变化，

了解井下工具的工作状况，以便更换井下工具、调整水井工作制度，确定增注措施。

50. 注水井为什么要调整?

分层注水井因地层情况变化而改变注水方案，如注水层段改变、配注量改变或卡点位置的改变，管柱失效（包括油管刺水，井下工具损坏、失灵）或者出现水嘴堵、刺大、刺掉等都需要进行调整，这样才能达到合理有效注水的目的。

51. 注水井的测试方法有哪些?其原理是什么?简述桥式偏心集流测试工艺。

（1）注水井测试方法分为非集流式测试法和集流式测试法。

（2）非集流式测试法原理：测试时流量计无需坐封于井下配注器的工作筒内，而是悬挂在油管中心，流体从流量计的外部或内部流过。在一定条件下，测量出流体的流速而得到流体的流量。

集流式测试法原理：测试时井下流量计必须与测试密封段配合使用，坐封于井下配注器的工作筒内，通过密封段的聚流作用迫使油管中的流体全部由流量计内部通过，经流量计测量后，再流向下面的注水层段。

（3）桥式偏心集流测试由两段四道密封圈及过水通道组成测试密封段，下部的定向抓及自锁机构与普通密封段相同。测试时密封段坐封在井下配注器的工作筒主通道内，部分流体在密封段的作用下流过流量计内部，经流量计测量出流量后，直接注入注水层段。另一部分流体通过旁通注入下部地层内。

52. 影响注水井吸水能力的因素有哪些？吸水能力差的井应采取哪些措施？

（1）影响注水井吸水能力的因素主要有：进行作业时压井液对地层的伤害和作业措施不当等原因造成地层渗透率下降、水质不合格、黏土矿物遇水后发生膨胀、注水压力升高。

（2）对于吸水能力差的井应采用酸化、压裂增注及水力振荡和水力射流、超声波解堵、电脉冲波解堵等井底处理措施。

53. 偏心注水井测流量前应做哪些准备？

（1）弄清管柱结构，提前洗井，清除井筒内脏物。

（2）弄清配注方案要求、正常注水压力、水量、测试层段数及深度。

（3）校对好压力表、水表、流量计，使其达到质量标准要求。

（4）选择合适测量范围的井下流量计，准备好测试密封段。

（5）准备好需要的仪器、工具，并要保证灵活好用。

54. 分层测试测各层段吸水量时为什么要避开封隔器位置而吊测在油管中？

测试中测准分层流量是分层测试中的重要环节，目前使用的非集流流量计是通过测定油管中的中心流速来测量流量，若停在封隔器中就会造成仪器与油管之间的环空通道变小、流速变快，所测取的流量偏高，造成错误的判断，所以一定要将仪器停在油管中。

55. 测试分层注水量时应注意什么？

（1）了解注水井管柱结构，各层段配注要求及正常注水压力和水量。

（2）测试前应先洗井，清除井内脏物，待注水压力稳定后再测试。

（3）测试时泵压必须保持稳定，各压力点的水量要稳定，且需稳定注水 15～20min。测试过程中油管压力必须高于套管压力 0.7MPa 以上，以保证封隔器密封（用水力压差式封隔器）。

（4）测指示曲线时，应做到等压降，降压间隔 0.2～1MPa，每点稳定 15min，配注量在测点之中。

（5）测试过程中，仪器及工具操作平稳。

（6）测试过程中边测边做指示曲线，发现异常应复测。

（7）分层注水井每一层必须测指示曲线，所测压力水量必须在合格范围内，分层水量之和与全井水量相等。

56. 高压试井中的“三有”、“三不关”、“四要”、“五不准”是什么？

（1）三有：有水井综合数据及管柱结构。

有计深装置（机械和电子各一套），张力指示装置，并工作状态良好。

工作有明确分工，岗位固定。

（2）三不关：仪器起上后，机械或电子有一套未归零位置不关。

探阀门，井口听不到声音或听到声音记号没到原位置不关。

三点联系不好或有一点有疑问不关（井口岗、中间岗、绞车岗）。

（3）四要：张力及计深要准确，三点要联系好。

井内情况要清楚，结蜡严重要通知采油工清好蜡。

下井仪器要检查，各部位连接要拧紧。

层位要清楚，下井的井下工具和层位工作筒要对号。

(4) 五不准：凡井口工作人员不准在井场50m内吸烟和动用明火。

防喷管不放空或放空不通，不准卸堵头。

仪器探阀门不准猛放。

仪器进入防喷管内，应先关三分之二探阀门，听到声音后，提起仪器，然后再关严。

57. 怎样验收注水井测试资料?

验收要求：(1) 调配前，应在地质方案要求的注水压力下测检配资料，分别录取分层段水量及全井水量。

(2) 井下流量计录取的全井水量与地面水表记录的水量误差不超过8%，井下流量计测得的井口压力与压力表值的压力误差在±0.2MPa以内，超过误差范围应落实原因，整改后方可进行测试。

(3) 根据正常注水压力下的检配测试各层段吸水量与配注量对比，全井吸水量与对应配注水量误差在±20%以内为合格井，层段吸水量与配注水量误差在±30%以内为合格层。

(4) 曲线台阶清晰、无异常。每个层位采样时间不少于3min，并上报原始数据。

(5) 原始报表准确无漏项，包括井号、测试日期、流量计型号、仪器编号、量程、泵压、油压、水表水量、测试层位、视流压、视流量、分层流量、测试单位、记录人、审核人及特殊情况说明等。

(6) 对吸水能力差的井，在注水压力达到允许压力，且水嘴已调配合理，全井水量达不到配注要求，测点又不少于2个，测调合格层不限多少，资料均可验收。

(7) 对于在正常注水压力下，各层段水嘴调整合理的井，应采用降压法或升压法测三个压力点下各层段及全井吸水量，降压或升压间隔为0.2～1.0MPa。对于低渗透油藏采用降压法或升压法测试困难的井，可采用降流量法测不同流量下各层段及全井吸水量，流量间隔及稳定时间视全井水量确定。

58. 怎样解释、计算分层注入量?

资料解释及计算方法如下：

（1）收集、整理、审核测试数据。

（2）按递减法，计算不同压力下各层吸水量及全井吸水量，并对流量资料进行综合分析评价，异常井要有总体说明。

（3）分层吸水量的计算方法：分层吸水量等于全井口注水量乘以层段吸水量的体积分数。

（4）各层段的视吸水量：

$$Q_4' = Q_{偏4} \qquad Q_3' = Q_{偏3} - Q_{偏4}$$

$$Q_2' = Q_{偏2} - Q_{偏3} \qquad Q_1' = Q_{偏1} - Q_{偏2}$$

式中 $Q_{偏1}$，$Q_{偏2}$，$Q_{偏3}$，$Q_{偏4}$——各层以下层段测试水量，m^3/d；

Q_1'，Q_2'，Q_3'，Q_4'——各层视吸水量，m^3/d。

（5）求水量校正系数：

$$b = \frac{Q}{Q_4' + Q_3' + Q_2' + Q_1'}$$

式中 Q——全井注水量，m^3/d；

b——水量校正系数。

（6）求各层（核实）吸水量：

$$Q_1 = bQ_1' \qquad Q_2 = bQ_2'$$

$$Q_3 = bQ_3' \qquad Q_4 = bQ_4'$$

（7）桥式偏心管柱采用集流方式测试可直接读取各层段

流量值，并用累计相加法计算全井流量值。

59. 什么是压力恢复曲线和压降曲线？

压力恢复曲线是指关井时间与关井压力变化的关系曲线。压降曲线则为开井后压力下降与开井时间的关系曲线。

60. 什么是井下压力计？

在试井工作中常用来测试记录井下压力的仪器为井下压力计。

61. 为什么要校对压力计？

为了及时检查在用仪器的精度、灵敏度和记录比例等情况，因此要校对压力计。特别是机械压力计，由于其测力元件主要靠弹簧的变形来记录相应的压力值，测试次数过多，易使弹簧疲劳而降低精度，因此更应经常检定和校准。其他原理做的压力计也有类似的问题。

62. 存储式电子压力计为什么要设置采样时间表？编制采样时间的原则是什么？

（1）原因：由于电压压力计的存储能力是一定的，电池容量也有限，采样点数过多，过于密集，电量损失也越大或压力计存储空间不够，从而造成测压失败。

（2）编制原则：首先，依据测试设计，根据压力计的采样速率合理设定加密区；其次在关井恢复后期，应尽量减少采点数。一般按照电池的工作时间来决定工作程序的编制。

63. 注水井验封测试方法有哪些？

目前油田上注水井验封常用的方法有以下 4 种：

（1）单压力计验封方法。此种方法验封时将绳帽、加重杆、验封密封段、压力计顺序连接，下入井内，坐入验封层段，通过井口“开—关—开”或“关—开—关”操作，测得反应层压力曲线，进行封隔器密封性能的判断。

（2）双压力计验封方法。此种方法是在验封密封段上部和下部各安装一支压力计，通过井口的“开—关—开”或“关—开—关”操作，对比测得的反应层及激动层的压力曲线进行验封判断。

（3）单只双传感器电子压力计验封方法。此种方法测试密封段上的两个传压孔分别对应两个层段，通过井口的“开—关—开”或“关—开—关”操作，测得的反应层及激动层的压力曲线进行验封判断。

（4）堵塞器式双传感器分层压力计验封方法。此种方法必须在验封前先将验封井内的偏心堵塞器捞出，投入堵塞式分层压力计，然后通过井口的“开—关—开”或“关—开—关”操作，对比测得的工作筒内压力曲线与各小层内的压力曲线进行验封判断，在验封的同时可测得每个层段的分层压力。

64. 怎样验收及解释验封资料？

（1）资料验收：

①对分层注水井进行验封，地面采用“关—开—关”或“开—关—开”。双压力计验封时，上压力计记录的压力曲线要有明显的控井压差，验封开（关）时间不少于3min。

②验封资料上应有井号、日期、压力计号，并在相应位置标注验封层位。

③报表填写规范、整洁，应准确填写开控井压力值，所用压力表应在有效检定期内。

④密封层有一张合格卡片即可，不密封层应有复测资料。

⑤有停注层的井，应拔出死嘴，投入堵塞器，再验封。

（2）资料解释：

①若验封层下压力计记录的压力曲线基本不随井口注水压力而变化，该层段解释为密封，若验封层的压力曲线随井口压力有明显变化，该层解释为不密封。

②对于有复测资料的层段，若有一次验封结果为密封，那么该层解释为密封。

65. 注水井层段划分的原则是什么？

（1）以砂岩层为基础，以主要油砂体为单元，尽量做到油、水井层段相互对应，全区统一。

（2）在查清油层开采状况的基础上，把主要见水层、吸水能力很高的薄层单独封卡出来，进行控制注水，减少层间矛盾，充分发挥其他层的作用。

（3）在同一层段内，各小层的渗透率、含水率应力求接近，减少互相干扰。

66. 注水井调剖的目的是什么？

在注水井中注入化学剂，以降低高吸水层段的吸水量，在提高注水压力后，可达到提高中、低渗透层吸水量，改善注水井吸水剖面的目的。

67. 判断分层封隔器失效的标准有哪些？

（1）根据验封资料判断是否失效（测 2 次以上）。

（2）根据同位素测井判断停注层是否吸水，若吸水则不密封。

（3）对起出封隔器进行打压，看连接部位及密封件是否漏失。

68. 分层测试时怎样判断油管漏失？

（1）在分层测试时，在油压稳定、注入量稳定、井口 50m 的水量和地面水表的水量一致的条件下，在偏 1 层段以上所测水量小于井口的水表水量时，初步判断为油管漏失。

（2）用非集流流量计从偏1层段以上吊测，以每100m为一个测试点，一直吊测到井口，就可以找到油管漏失的大概位置。

（3）用验封密封段封堵偏心通道（桥式偏心除外），井口放大注水压力，水表转动说明油管有漏失。

69. 注水井测配过程中，如发生故障应如何处理？

（1）测配过程中如发生故障应停止施工，组织相关人员进行故障原因分析。

（2）根据分析原因制定相应的解决方法及打捞措施，并编写打捞施工方案，报甲方同意后方可实施。

（3）根据施工方案准备好所需设备、工具、用具，对施工中的突发问题应有预见性，准备应充分。

（4）现场施工中，应有甲方监督人员在场，施工中应按施工方案进行，并严格遵守各项安全技术操作规程。

（5）对处理故障中遇到的突发情况，应冷静分析，妥善处理，并应征得甲方监督人员的同意，避免发生二次事故。

70. 什么是绳类落物？绳类落物主要用什么打捞工具？其分类及特点是什么？

（1）凡是掉入井内的钢丝、钢丝绳、电缆等均属于绳类落物。

（2）绳类落物主要采用钩类打捞工具进行打捞。

（3）常用的钩类打捞工具包括内钩、外钩、内外组合钩、单齿钩、多齿钩、活齿钩等类型（图8），是使用较广泛的绳类落物打捞工具。

（4）特点：加工制造简单、使用操作简单、打捞成功率高。内钩、外钩、内外组合钩基本由上接头和钩体、钩子组成，上接头外径较大，以防打捞绳缆时，钩体接头插入过深

而卡埋接头造成更大事故。

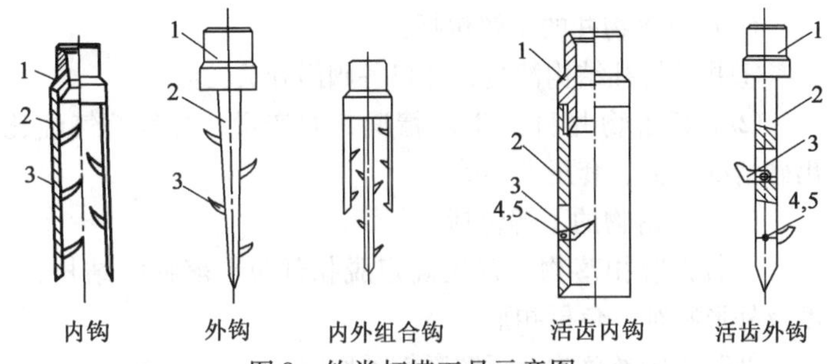

图8　钩类打捞工具示意图

1—上接头；2—钩体；3—钩子；4—轴销；5—扭簧

71. 使用钩类打捞工具时应注意些什么?

（1）打捞时，应采用多次慢下、逐级加深、微压多提、提放旋转相间的方法，绝不能盲目快速下放或加较大的钻压打捞。

（2）切忌将钩子插入过深：一是钩子插入过深，致使上提成团，形成“钢丝活塞”而造成卡钻事故；二是防止钢丝绳缠到上部而卡死钻具。

72. 处理偏心堵塞器打捞杆弯曲时应注意些什么?

（1）打印模时一般应打两次，投捞器过工作筒后上提不要过高，不要猛下，以免造成印模无法辨认。

（2）根据印模判断打捞杆弯曲方向及弯曲程度，采用相应方法。

（3）使用扶正转向工具时，一定要按印模所探方向分左、右方向使用不同工具，不能装错。

（4）对故障处理全过程应有详细记录，并有甲方监督及本测试单位领导签字备案。

73. 打捞落物前对落物井及落物应有何了解?

(1) 对落物井的了解包括:

①井下管柱结构清楚，井口各阀门开关灵活。

②了解落物井目前生产情况，如产量、含气、气油比，出砂情况，油、套压大小等。

(2) 对落物的了解包括:

①若为脱扣落物，首先确定脱扣部位，落物的结构、长度及外形特征、鱼尾扣形。

②若为钢丝落物，了解断钢丝原因:

a. 如仪器拔断，剩钢丝长度。

b. 钢丝在井筒内打扭拉断，钢丝拉断深度。

c. 绳结拉脱。

d. 在井口碰断或井口关断。

74. 打捞油、水井落物时应注意些什么?

(1) 下井工具必须绘制草图，注明尺寸。

(2) 在打捞过程中，如果一次或多次未捞上，不要一味猛顿，防止损坏鱼顶形状，给下次打捞造成困难。

(3) 在打捞落物过程中，无论打捞何种落物，下放和上提速度都应缓慢、平稳，不能猛刹、猛放。

(4) 在打捞过程中，严防再次发生井下落物，使事故扩大。

(5) 注意做好防喷、防火、防冻等安全工作。

(6) 采用加长防喷管或采用扒杆必须用绷绳加固。

(7) 下入的打捞工具遇卡拔不动时，应能脱卡，以便进行下部措施。

(8) 如用手摇绞车时必须打桩加固结实。

(9) 人员分工明确并由一人统一指挥。

75. 测液面的目的是什么?

(1) 了解油井的供液能力，结合示功图，分析井下泵的工作状况，确定泵的合理沉没度以及判断注水效果。

(2) 井下液面探测是管好抽油机井的一种重要手段，并可以根据液面深度计算抽油泵的沉没度、流压、静压，公式如下:

①确定抽油泵的沉没度 ($D_{沉}$):

$$D_{沉} = D_{泵} - D_{动}$$

②确定流压 (p_{wf}):

$$p_{wf} = p_c + \frac{(D_{油} - D_{动})\rho g}{100}$$

③确定静压 (p_R):

$$p_R = p_c + \frac{(D_{油} - D_{静})\rho g}{100}$$

式中 $D_{动}$——抽油井动液面的深度，m;

$D_{泵}$——抽油井泵下入的深度，m;

$D_{油}$——油层中部深度，m;

p_c——油井井口套压，MPa;

ρ——混合液体密度，kg/m^3;

g——重力加速度，$9.8m/s^2$。

76. 测液面时应注意什么?

(1) 测试井的套压不能大于回声仪连接器的额定压力。

(2) 推动扳手击发时，动作要平稳，记录正在进行时，应避免震动井口连接器。

(3) 搬运仪器测试时要轻拿轻放，防止损坏螺纹。

(4) 测试时排气阀与微音器间通道应清洁、干燥，畅通无阻。

(5) 测试井不许漏油气，测试管线弯头不能太多。

77. 影响液面测试资料准确的因素有哪些?

(1) 回声仪测试性能不稳定。

(2) 灵敏度调整不当,记录曲线波形不清楚。

(3) 操作不当,测试时液面波尚未反射到地面就关闭电源。

(4) 井口连接器漏气或排气阀没关。

(5) 测试井振动或噪声过大。

(6) 测试管线内有堵塞或没开套管阀门。

(7) 微音器室气体通路有堵塞现象。

78. 测示功图的目的是什么?

通过测得的示功图,了解抽油机载荷变化及深井泵的工作情况,为选择适当的抽油参数、判断油层供液能力提供依据。

79. 示功图测试有哪些方法?

示功图测试有三种方法:

(1) 悬点测试法:即测试仪器,安置在抽油机驴头悬点位置测示功图的方法。

(2) 井下测试法:将仪器安置在井下泵位置测取示功图的方法。

(3) 远传测试法:利用将光杆行程转换为电信号的角位移变送器和能将光杆负荷转换为电信号的应力变送器及专门的传输通道(电缆),将油井所测示功图远传绘制的方法。常用在油井自动化集中管理中。

80. 示功图验收有哪些要求?

示功图验收要求:

(1) 图形适中、线条清楚、连贯封闭。

（2）每张示功图应绘有上、下理论负荷线。

（3）每张示功图应有井号、日期、实测冲程、冲次等参数。

81. 测试示功图时应注意些什么？

（1）了解所测井负荷大小，保证仪器承受负荷不超过最大负荷的80%。

（2）严格按照操作规程进行，安装仪器时要注意站在悬绳器侧面，注意人身安全。

（3）抽油机的停抽位置不当，需调整位置时，操作者要严格做好配合工作。

（4）对有砂、蜡、稠油影响的井要尽量缩短停机时间，防止引起卡泵或稠油阻滞抽油杆。

82. 实测示功图受哪些因素影响？

实测示功图的影响因素有三个方面：

（1）砂、蜡、水、气的影响。

（2）惯性载荷、振动载荷、冲击载荷与摩擦阻力的影响。

（3）漏失、断脱、设备故障、仪器故障等因素的影响。

83. 什么是光杆？作用是什么？

（1）光杆是连接在抽油杆柱顶端的一根特制实心钢杆。

（2）光杆由于处在抽油杆柱的最顶端，所受载荷最大。加上光杆卡子卡在光杆上，使得光杆所受应力特别集中，所以制造光杆的材料是高强度的50～55号优质碳素钢。它起两个作用：

①通过光杆卡子把整个抽油杆柱悬挂在悬绳器上。

②与井口密封圈配合密封井口。

84. 抽油杆在传递动力过程中承受哪些载荷？

在传递动力的过程中，抽油杆的负荷因抽油杆柱的位置不同而不同，上部的抽油杆负载大，下部的抽油杆负载小。抽油杆的负载通常有下列几种：

（1）抽油杆本身重量。

（2）油管内柱塞以上液柱重量。

（3）柱塞与泵筒，抽油杆与油管，抽油杆与液柱，油管与液柱之间的摩擦力。

（4）抽油杆与液柱的惯性力。

（5）由于抽油杆的弹性而引起的振动力。

（6）由于液体和活塞运动不一致或未充满等因素引起的冲击载荷。

85. 实测示功图上可以计算哪些参数?

（1）负荷计算（光杆最大、最小负荷）。

（2）泵的理论排量。

（3）泵效。

（4）抽油杆柱重量（抽油杆柱在空气中、液体中的重力）。

（5）液柱重量。

（6）上、下理论负荷线高度。

（7）冲程损失。

86. 什么是理论示功图？绘制理论示功图的假设条件是什么?

（1）理论示功图就是认为光杆只承受抽油杆柱与活塞截面积以上液柱的静载荷时，理论上所得到的示功图。

（2）假设条件包括：①深井泵质量合格，工作正常。

②不考虑活塞在上、下冲程中，抽油杆柱所受到的摩擦力、惯性力、震动载荷与冲击载荷等的影响，假设力在抽油杆柱中的传递是瞬间的，阀的起落也是瞬间的。

③抽油设备在工作中，不受砂、蜡、水、气等因素的影

响，认为进入泵内的液体不可压缩。

④油井没有连抽带喷现象，油井供液能力充足，泵能够完全充满。

87. 示功图的分析有哪几种方法?

分析示功图的方法分为定性分析和定量分析两种。属于定性分析的有对比相面法、面积相面法和模拟类比法等；属于定量分析或半定量分析的有拉线图解法、井下功图转换分析法和API分析法等；此外还有综合分析法。

88. 示功图、动液面测试资料出现什么情况时必须进行复测?

（1）与前次示功图对比变化大，无合理解释原因的井。

（2）液面资料与功图相矛盾的井。

（3）连续两次测试的动液面波动大于±200m，而且没有原因的井。

（4）冲程、冲次变化较大，而示功图、动液面资料与生产和工作制度不符的井。

（5）凡因操作不当、仪器等影响液面曲线，使接箍波及液面波不易分辨的为不合格曲线。

89. 聚合物驱油中的一元、二元、三元指的是什么?

一元：用聚合物作为驱油剂。

二元：用聚合物和表面活性剂作为驱油剂。

三元：用聚合物、表面活性剂和强碱作为驱油剂。

90. 采油井要取全、取准哪六方面的资料?

采油井要取全、取准的六方面资料为：产能资料，压力资料，水淹状况资料，产出物的物理、化学性质，机械采油井的工况资料，井下作业资料。

91. 注水井要取全、取准哪四方面的资料?

注水井要取全、取准的四方面资料为:吸水能力资料、压力资料、水质资料、井下作业资料。

92. 系统保护油层主要包括什么?

(1)钻井、固井过程中的油层保护。

(2)测井、修井过程中的油层保护。

(3)增产措施中的油层保护。

(4)注水过程中的油层保护。

93. 看零件图的基本要求是什么?

(1)了解零件的名称、用途和材料。

(2)想象出零件各部分的几何形状及结构形状。

(3)了解零件各部分的大小、精度、表面粗糙度以及相对位置。

(4)了解零件的技术要求。

(5)分析了解零件的加工过程和加工方法。

94. 机械制图中各种线型的主要用途是什么?对它们宽度要求是什么?

(1)粗实线:主要用于可见轮廓线、螺纹牙顶线、齿轮齿顶线,宽度为“d”。

(2)细实线:主要用于过渡线、尺寸线、尺寸界线、指引线和基准线、剖面线、重合断面的轮廓线等,宽度为“$d/2$”。

(3)波浪线和双折线:主要用于断裂处边界线,视图与剖视图的分界线。在一张图样上一般采用一种线型,即采用波浪线或双折线,宽度为“$d/2$”。

(4)粗虚线:用于允许表面处理的表示线,宽度为“d”。

（5）细虚线：用于不可见轮廓线、不可见棱边线，宽度为“*d*/2”。

（6）粗点画线：用于图样中限定范围表示线（例如，限定测量热处理表面的范围），宽度为“*d*”。

（7）细点画线：用于轴线、对称中心线，宽度为“*d*/2”。

（8）细双点画线：用于假想投影轮廓线、中断线，宽度为“*d*/2”。

二、HSE 知识

（一）名词解释

1. 静电：由于物体与物体之间的紧密接触和分离，或者相互摩擦，发生了电荷转移，破坏了物体原子中正负电荷的平衡而产生的电。

2. 触电：电流通过人体与大地或其他导体形成回路。

3. 单相触电：人接触到一根火线而发生触电。

4. 两相触电：人同时接触到两根火线而发生触电。一般情况下，两相触电比单相触电更危险。因此，在接线或接触带电设备时，应避免同时接触两根火线。

5. 跨步电压触电：电气设备绝缘损坏或当输电线路一根导线断线接地时，在导线周围的地面上，由于两脚之间的电位差所形成的触电。

6. 电流灼伤：人体与带电体接触，电流通过人体时，因电能转化为热能所引起的伤害，一般发生在低压电气设备上。

7. 电弧灼伤：有弧光放电造成的烧伤，是最严重的电伤，包含熔化了的炽热金属溅出造成的烫伤。电弧温度高达

8900℃以上，可造成大面积、大深度的烧伤，甚至烧焦、烧掉四肢及其他部位。大电流通过人体，也可能烘干、烧焦机体组织。它既可能发生在高压电气设备上，也可能发生在低压电器系统上。

8. 高空作业：凡是在坠落高度基准面2m（含2m）以上，有可能坠落的高处作业叫高空作业。

9. 坠落高度基准面：坠落到最低着落点的水平面叫坠落高度基准面。

10. 最低着落点：在作业位置可能坠落到的最低点叫最低着落点。

11. 闪燃：在一定温度下，易燃、可燃液体表面上的蒸汽和空气的混合气体与火焰接触时，能闪出火花，但随即熄灭，这种瞬间燃烧的过程叫闪燃。

12. 自燃：可燃物质在没有外部明火焰等火源的作用下，因受热或自身发热并蓄热所产生的自行燃烧的现象。

13. 着火：可燃物受外界火源直接作用而开始的持续燃烧。

14. 爆燃：可燃物质（气体、雾滴和粉尘）与空气或氧气的混合物由火源点燃，火焰立即从火源处以不断扩大的同心球自动扩展到混合物存在的全部空间，这种以热传导方式自动在空间传播的燃烧现象叫爆燃。

15. 爆炸极限：当可燃气体、可燃粉尘或液体蒸汽与空气（氧气）混合达到一定浓度时，遇到火源就会爆炸，这个浓度范围叫爆炸浓度或爆炸极限。

（二）问答

1. 抽油机操作中的主要风险有哪几点？

（1）触电。（2）机械伤害。（3）高空坠落。（4）火灾。

2. 游梁式抽油机存在着哪十大危险?

（1）平衡块旋转危险。

（2）皮带传动危险。

（3）减速箱高处作业危险。

（4）电动机漏电危险。

（5）操作台高处作业危险。

（6）电动机电缆漏电危险。

（7）节电控制箱漏电危险。

（8）刹车失灵危险。

（9）毛辫子悬绳器危险。

（10）攀梯危险。

3. 抽油机井采油生产过程中容易发生哪些人身伤害事故?

抽油机井采油生产过程中容易发生机械伤害事故和物体打击类伤害事故。机械伤害类事故主要有：

（1）挤压伤：曲柄、平衡块、光杆等部件在旋转或往复运动中，人体被其夹住而挤压受伤。

（2）碰伤：人与往复运动部件、物体（如驴头、悬绳器等）发生碰撞而受到伤害。

（3）绞伤：如皮带机、联轴器等部件在运动中，运动部件将衣物、头发、抹布等挂住，进而造成人体被其卷进而拧绞受伤。

物体打击类伤害事故主要有：

（1）飞物伤人：丝杠、卡瓦、压力表盘等物体在外力的作用下产生运行，打击人体，造成人身伤亡事故。

（2）落物伤人：设备或建筑高处的物体如钢板、螺栓、锤等在重力作用下产生运行，打击人体，造成人身伤亡。

（3）高压打击：高压液体或气体意外释放喷出，直接作用于人体造成伤害。

4. 采油作业生产过程中的哪些行为属于严重违章行为？

（1）违反操作规程从事碰泵、摆驴头、调平衡块等作业。

（2）未经许可擅自开关井。

（3）正面操作带压阀门。

（4）机动设备的转动部件，在运转过程中进行擦洗或拆卸以及使用无防护措施的转动设备

（5）用塑料容器盛装易燃易挥发性溶剂，或用其擦洗设备、衣物、工具及地面等。

（6）使用不合格的特种设备和安全附件。

（7）使用不具备“一机一闸一保护”的手持式和移动式电动工具，或使用电气、线路破损的电工具。

（8）未断开电源进行对带电设备进行维修作业。

（9）不按规定佩戴个体防护用品在有毒有害作业场所进行作业。

（10）进行油水井测试作业，测试工具下放及上提过程中，非岗位操作人员进入施工区域。

5. 低压测功图时的安全注意事项有哪些？

（1）测试前应了解电源线路及电压，电压必须与仪器熔断丝熔断的电压相符，以免烧毁仪器。

（2）必须认真执行停启抽油机操作规程。

（3）雨天操作仪器需戴绝缘手套、穿胶靴，以防漏电伤人。

（4）一般不准使用卡瓦卡光杆。

（5）测试过程中，不管出现任何故障，必须先停抽油机后，再进行处理和排除。不允许抽油机在运转的情况下进行任何处理或排除故障。在抽油机平衡块附近工作时，要特别

注意安全。

（6）在结蜡、出砂严重的井上测试时，操作要迅速，停泵时间要短，以免卡泵。

（7）装卸仪器时，若悬绳器上、下夹板顶开的高度不够时，不准硬行装卸，装好仪器后，必须锁好安全锁，防止遇卡时摔坏仪器。

（8）测试时，操作者应站在安全位置，不许正面对着驴头及悬绳器，以防卡泵时仪器摔出伤人。

（9）禁止在井口吸烟或点明火。

6. 测试时为何使用警示标志？

（1）禁止非工作人员进入警示区域，避免发生人员伤害。

（2）警示操作人员杜绝违章指挥和违章操作。

7. 注水井测试时如何避免物体打击类事故的发生？

（1）井口岗在高处作业时，禁止乱扔工具、仪器或其他物料，禁止同地面人员抛接工具等。

（2）手持工具和零星物料应随手放在工具袋内，禁止在防喷管操作台、井口阀门及大法兰等位置上放置工具、仪器等物品。

（3）在传送仪器及工具时，一定要注意相互间的配合及相互呼唤确认对方抓牢后方可放手。

（4）严禁操作使用带“病”设备、工具及仪器等。

（5）排除设备绞车故障或清理油污前，必须停机状态下进行。

（6）关开阀门要注意避让开阀门及防喷管放空阀等部位。

（7）禁止用低压管、阀代替高压管、阀使用。

8. 操作测试绞车时要遵守哪些基本安全操作守则？

（1）工作前要穿好紧身工作服，袖口扣紧，长发要盘入工作帽内，操作旋转设备时不能戴手套。

（2）测试绞车在运行前、运行中要按规定进行安全检查，查看是否有由于振动而造成松动的部件。

（3）严禁测试绞车带故障运行。

（4）测试绞车的安全装置必须按规定正确使用，严禁将其拆掉不用。

（5）测试绞车运转时，防护外罩要装好，绞车间内禁止站人。

（6）测试绞车在运转时，严禁用手调整（包括调整钢丝、电缆）或对绞车进行修理、清扫等工作。如必须进行时，则应首先停车、熄火后进行。

（7）测试绞车运转时，操作者不得离开工作岗位，以防发生问题而无人处置。

9. 机械伤害的消减措施是什么？

（1）按规定正确穿戴齐全各种劳动保护用品，操作前对所用工用具进行仔细检查，正确使用、平稳操作。

（2）对于制动设备应注意检查其制动效果和制动设备的安全性，并及时挂好警示标牌。

（3）应要求职工严格按照操作规程进行操作，并提高职工的自身安全意识。

10. 钢丝作业对作业环境和人员有哪几方面的要求？

（1）照明度。

（2）风力。

（3）有害物质。

（4）动火作业条件。

（5）人员精神状态。

11. 钢丝测试过程中有哪些安全注意事项?

(1) 现场测试过程中，当仪器起到井口时，一定要探闸板，听到声音后，才能关死阀门。

(2) 在作业井测试时，操作人员必须戴安全帽，以防井架上落物伤人。

(3) 操作试井绞车挂离合器前，必须将绞车摇把拉出，以免伤人。

(4) 禁止用管钳、扳手或其他金属器械在井口猛烈敲打，以免造成井口损坏及打出火花引起井口漏气部位着火。

(5) 不要用棉纱、毛毡等物在密封填料帽与滑轮之间擦抹钢丝上的油污，防止压手或钢丝跳槽。

(6) 在稠油井、高凝油井测试时，防喷管需用绷绳加固或同时用地滑轮导向，以免负荷过重造成事故。

(7) 井场内不准吸烟或点明火。

(8) 开、关阀门要平稳，严禁身体正对阀门进行开关。

(9) 仪器通过油管鞋时，放慢起下速度，最好用手摇绞车使仪器进入油管鞋上20m后，改为机动绞车上起，防止仪器碰到油管底部，拉断钢丝，造成落物事故。

(10) 对高产井、气油比高的井，下放仪器需加重防止顶钻发生。

12. 电缆测试时有哪些安全注意事项?

(1) 每次测试要检查深度指示器的性能。有条件同时配备电子深度指示器或CCL接箍定位器。

(2) 必须安装指重器，并规定拉力工作范围。

(3) 仪器起到井口后，要确定无误方可关井。

(4) 井口操作人员要戴安全帽。

(5) 井场内不准吸烟，不准用明火，不准用工具或金属物敲打井口。

(6) 电器设备要有专人负责，定期巡回检查。

13. 引起仪器电池爆炸的原因有哪些?

(1) 电池筒密封件失效，造成地层液体进入电池筒，使电池短路而发生爆炸。

(2) 地层温度太高，超过了电池的额定温度指标。

(3) 电子压力计控制程序的加密区设置太长，使工作电流所产生的持续高温在地层中来不及散发，致使电池发生爆炸。

(4) 充电时间过长，或充电器电流过大致使电池发生爆炸。

(5) 仪器电池存放位置不当，造成电池温度过高而发生爆炸。

14. 如何避免高温电池爆炸?

(1) 下井仪器要仔细检查电池筒的密封圈和支承环，一旦有问题应立即更换。

(2) 在编制压力计的控制程序时不要将加密区设置得太长，以免电池供电电流所产生的热量由于采点过于频繁而无法散发。

(3) 起下仪器时不要猛提猛刹，防止碰撞而使电池筒变形造成不密封。

(4) 拆装仪器时要轻拿轻放，电池充电时，充电时间不宜过长。

(5) 电池要低温存放，不能在日光下曝晒或靠近火源。

15. 遇到什么天气不得从事露天高处作业?

遇 5 级以上大风或大雪、大雨、大雾等恶劣天气时，不得

从事露天高处作业。

16. 高处作业常见的事故类型有哪些?

(1) 操作人员从高空坠落。

(2) 物体从高处落下，打在下面的工作人员或过路行人的身上，造成伤亡事故。

(3) 登高作业时触及架空电线，发生触电事故。

17. 高处坠落的消减措施是什么?

(1) 做好防腐工作并定期检查。

(2) 一次上梯人数不能超过三人。

(3) 冰雪天气操作前做好防滑措施，可采用砂子防滑。

(4) 在设备上操作时，应按规定佩戴安全带并选择合适位置。

18. 高空作业安全有哪些规定?

(1) 参加高空作业的人员必须要身体健康，一般有高血压、心脏病、深度近视等人严禁进行高空作业。

(2) 登高 2m 以上作业时，必须扎带好安全带。安全带要拴在牢固的地方，安全带使用前要进行认真检查。

(3) 施工人员进行高空作业所用工具必须系好保险绳，防止使用时脱手坠落伤人。

(4) 高空作业人员严禁随意往下扔东西，放物件时，必须用绳索拴好慢慢放下。

(5) 高空作业时，严禁在滑车绳之间或其他能活动的物件上留停。

(6) 在高空脚手架上搭设跳板时，一定要把两头绑牢，严禁出现探头板子。

(7) 土建队伍高空作业中所搭设脚手架必须符合搭架规

定，要安装安全网。

（8）雨天高空作业必须采取绝对安全防滑措施。

（9）夜间组织高空作业时，必须要有足够的照明设备。

19. 使用安全带时有哪些注意事项?

（1）安全带使用前，应检查有无腐蚀、脆裂、老化、断股等现象，所有钩环是否牢固，安全带上的孔眼有无豁裂。

（2）安全带上钩环应有保险装置，防止自动脱钩。

（3）安全带应在可靠处，禁止拴在横担、戗板、杆尖以及将要撤换的部件上。

（4）安全带拴好后，首先将钩环钩好，保险装置上好后再进行探身或后仰，在杆上转位时，不应失去安全带的保护。

（5）安全带上的各种部件不得任意拆掉，更换新绳时要注意加绳套。

（6）使用频繁的绳，要经常做外观检查，发现异常时，应停止使用。

20. 发生高处坠落应怎样急救?

（1）去除伤员身上的用具和口袋中的硬物。

（2）在搬运和转送过程中，颈部和躯干不能前屈或扭转，而应使脊柱伸直，绝对禁止一个抬肩一个抬腿的搬法，以免发生或加重截瘫。

（3）创伤局部妥善包扎，但对疑颅底骨折和脑脊液漏患者切忌作填塞，以免导致颅内感染。

（4）颌面部伤员首先应保持呼吸道畅通，撤除义齿，清除移位的组织碎片、血凝块、口腔分泌物等，同时松解伤员的颈、胸部纽扣。若舌已后坠或口腔内异物无法清除时，可用12号粗针穿刺环甲膜，维持呼吸、尽可能早作气管切开。

（5）复合伤要求平仰卧位，保持呼吸道畅通，解开衣

领扣。

（6）周围血管伤，压迫伤部以上动脉干至骨骼。直接在伤口上放置厚敷料，绷带加压包扎以不出血和不影响肢体血循环为宜，常有效。当上述方法无效时可慎用止血带，原则上尽量缩短使用时间，一般以不超过1h为宜，做好标记，注明上止血带时间。

（7）有条件时迅速给予静脉补液，补充血容量。

（8）快速平稳地送医院救治。

21. 石油、天然气对人体的毒害作用是什么？

（1）原油、油砂属于石油类污染物。原油落地后与地面的水、砂、泥土形成混合物，当暴露在空气中时，其中的轻烃会挥发进入大气，造成大气污染。原油渗入土壤后，会造成土壤和地下水体污染，影响农业生产和人体健康。当原油随雨水等地表径流进入河流水域时，会造成地表水体污染，严重影响水生生物的生存。

（2）天然气中的硫化氢对人体有害，燃烧时通风不良也可以导致中毒，天然气是易燃气体，稍不留意，就有着火、爆炸的危险。

22. 对日常工作中经常进入 H_2S 风险区域的工作人员有哪些要求？

（1）识别潜在的 H_2S 危害。

（2）熟练掌握各种类型呼吸器材的使用方法。

（3）熟练掌握检测仪报警时应该采取的行动和措施。

（4）熟练掌握 H_2S 紧急泄漏的处理程序。

23. 在产有毒气体的井上测试时的注意事项有哪些？

（1）用最少的人员。测试前召开专门的安全会，强调人员防护设备的使用和急救措施人制定。

（2）测试前认真检查准备好应急呼吸器。

（3）测试前认真检查好有毒气体检测仪。

（4）产出气体含 H_2S 时，应使用抗硫钢丝（电缆）、抗硫防喷管和抗硫防喷盒。

（5）测试期间产出的气体应排出并用燃烧器烧掉。

24. 有毒有害气体泄漏时的处理程序是什么？

（1）现场发现有毒有害气体泄漏、有人员中毒或监测仪器发出警报时，应立即发出撤离信号，和其他人员一起向安全区域（毒气源上风口）撤离，现场负责人清点人数，并向本单位领导和医院报告。

（2）救助人员正确佩戴安全防护设施（如正压式空气呼吸器等）后，在保证自身安全的情况下，迅速使中毒人员脱离有毒有害气体区域，将其转移到安全的空气新鲜处。有条件应立即配给氧气并送医院抢救。

（3）在保证安全的前提下（如佩戴正压式空气呼吸器后），迅速关井，切断毒气源。

（4）在保证安全的前提下，现场负责人应组织人员进行警戒，防止其他人员进入危险区域。

25. 气体中毒应急处理应注意些什么？

（1）救助人员不得在未采取有效保护措施的情况下，擅自对中毒者进行救护。

（2）使用正压式空气呼吸器要注意密封，防止有毒气体进入。

（3）使用正压式空气呼吸器时，要注意使用时间，防止缺氧造成窒息或中毒。

（4）对中毒休克者，必须首先打开其呼吸通道。

（5）采用口对口人工呼吸时，要防止发生救助者二次中毒。

（6）不能轻率终止对中毒者的急救。

26. 安全用电的措施有哪些？

（1）手潮湿（有水或出汗）不能接触带电设备和电源线。

（2）各种电器设备，如电动机、启动器、变压器等金属外壳必须有接地线。

（3）电路开关一定要安装在火线上。

（4）在接、换熔断丝时，应切断电源。熔断丝要根据电路中的电流大小选用，不能用其他金属代替熔断丝。

（5）正确地选用电线，根据电流的大小确定导线的规格及型号。

（6）人体不要直接与通电设备接触，应用装有绝缘柄的工具（绝缘手柄的夹钳等）操作电器设备。

（7）电器设备发生火灾时，应立即切断电源，并用二氧化碳灭火器灭火，切不可用水或泡沫灭火器灭火。

（8）高大建筑物必须安装避雷器，如发现温升过高，绝缘下降时，应及时查明原因，消除故障。

（9）发现架空电线破断、落地时，人员要离开电线地点8m以外，要有专人看守，并迅速组织抢修。

27. 发生人身触电应怎么办？

（1）当发现有人触电时，应先断开电源。

（2）在未切断电源时，为争取时间可用干燥的木棒、绝缘物拨开电线或站在干燥木板上或穿绝缘鞋用一只手去拉触电者，使之脱离电源，然后进行抢救。人在高处应防止脱电后落地摔伤。

（3）触电后昏迷但又有呼吸者应抬到温暖、空气流通的地方休息，如呼吸困难或停止，就立即进行人工呼吸。

28. 什么是电伤？电伤分为哪几类？

（1）电伤是电流的热效应、化学效应、机械效应等对于人体所造成的危害，其最常见的为电烧伤。（2）电伤主要分为电流灼伤和电弧烧伤两种类型。

29. 防止静电有哪几种措施？

防止静电的措施：增加湿度、采用感应式静电消除器、采用高压电放电式消除器、采用离子流静电消除器、采用防静电鞋、采用防静电服经地面导电。

30. 为什么静电能将可燃物引燃？

因为可燃性气体及蒸汽与空气混合的最小引燃能量为0.009mJ，可燃性气体与氧气混合的最小引燃能量为0.0002～0.0027mJ，粉尘的最小引燃能量为5～60mJ，通常静电放出的电火花能量完全能使可燃物引燃。

31. 怎样识别触电的危险程度？

触电的危险程度应根据电压的高低、绝缘的情况，电力网中性点是否接地，通过人体电流持续的时间和路径等各种因素来识别，当人体通过50mA以上的电流时，就有生命危险。

32. 人触电的现场急救方法主要有哪几种？

人触电的现场急救方法主要有人工呼吸法、人工胸外心脏按压法。

33. 触电方式有几种？有跨步电压危险存在时应怎样做？

（1）人体触电方式主要分为单相触电、两相触电、跨步电压触电三种。

（2）跨步电压触电一般发生在高压电线落地时，但对低

压电线落地也不可麻痹大意。当一个人发觉跨步电压威胁时，应赶快把双脚并在一起，然后马上用一条腿或两条腿跳离危险区。

34. 如何使触电者脱离电源？

（1）尽快断开与触电者有关的电源开关。

（2）用相适应的绝缘物使触电者脱离电源。

（3）现场可采用短路法使断路器跳闸或用绝缘杆挑开导线。

（4）脱离电源时要防止触电者摔伤。

35. 如何检查管理干粉灭火器？

（1）放置在通风、干燥、阴凉并取用方便的地方。

（2）避免高温、潮湿和腐蚀严重的场合，防止干粉灭火剂结块、分解。

（3）每季度检查干粉是否结块。

（4）检查压力显示器的指针应在绿色区域。

（5）灭火器一经开启必须再充装。

36. 使用干粉灭火器的注意事项有哪些？

（1）要注意风向和火势，确保人员安全。

（2）操作时要保持竖直不能横置或倒置，否则易导致不能将灭火剂喷出。

37. 灭火有哪些方法？

燃烧必须具有可燃物、助燃物和温度三个条件，缺一不可。根据这个规律，只要消除三个燃烧条件的任何一个，就能达到灭火的目的。所以，灭火的基本方法有四种：

（1）冷却法：降低燃烧的温度。

（2）窒息法：隔绝氧气。

（3）隔离法：使可燃物与火脱离。

（4）抑制法：阻止火势蔓延。

38. 事故应急救援的基本任务是什么?

（1）立即组织营救受害人员，组织撤离或者采取其他措施保护危害区内的其他人员。

（2）迅速控制事态，并对事故造成的危害进行检测，监测、测定事故的危害区域、危害性质及危害程度。

（3）消除危害后果，做好现场恢复。将事故现场恢复至相对稳定的状态。

（4）查清事故原因，评估危害程度，并做好总结救援工作中的经验教训。

39. 发生事故时应怎样报告?

（1）发生事故后，事故当事人或发现人应立即报告上级领导，紧急情况要报警。

（2）伤亡、中毒事故就保护现场并迅速组织人员施救，防止发生次生事故。

（3）任何事故无论大小，均应在第一时间以最快方式向上级主管或单位报告。

（4）报告必须真实，不得漏报、瞒报、隐瞒事故真相。

40. 发生事故时的汇报应包括哪些内容?

（1）事故发生的时间、地点及事故现场情况。

（2）事故的简要经过、伤亡人数（包括下落不明的人数）和初步估计的直接经济损失。

（3）事故发生原因的初步判断。

（4）事故发生后采取的措施及实施效果。

（5）事故报告单位。

41. 现场常用急救措施有哪些？

（1）冻伤：周围环境保持在22～25℃；将冻伤部位浸入38～42℃的水中；可饮用少量饮料，增加身体热量，使毛细血管扩张；禁止用火烤、冷水浸泡或雪搓；严重者送往医院。

（2）心脏骤停：检查大动脉搏动；将伤员置于复苏体位，同时呼唤他人帮助；胸部叩击1～2次；叩击不能复苏，进行人工呼吸或心脏按压；送往医院。

（3）开放性胸部损伤：迅速用纱布或棉花包扎伤口；伴有肋骨骨折的，防止骨端刺破胸膜和肺脏；将伤员平放在担架或木板上；心跳、呼吸停止者，进行人工呼吸和心脏按压；送往医院抢救。

（4）脊柱损伤：发现出血应立即止血；采用平卧搬运法以免骨折移位；对呼吸困难者进行吸氧；心跳，呼吸停止者，进行人工呼吸和心脏按压；送往医院抢救。

（5）溺水：头偏向一侧，清除口腔、鼻腔内泥沙及污物，将舌拉出口外，保持呼吸道通畅；救护者以半跪姿势，将溺水者的腹部放在大腿上，使其头部下垂，轻压其背部；心跳、呼吸停止者进行人工呼吸和心脏按摩；为溺水者换上干衣物，注意保暖；尽快送往医院抢救。

（6）电击伤：切断电源；呼吸、心跳停止者，进行人工呼吸和心脏按压；待受伤者复苏后及时进行伤口包扎；送往医院治疗。

（7）休克：让病人平卧，下肢稍抬高，以利于对大脑供血；保持呼吸道畅通，以防止发生窒息；避免随意搬动，以免增加心脏负担；立即吸氧；心跳、呼吸停止者进行人工呼吸和心脏按压；送往医院抢救。

（8）呼吸道异物阻塞：液体异物堵塞，饮一些水或让病人呕吐；若异物在喉部，要迅速清除口腔及喉部的异物；异物已坠气管的，送往医院抢救。

(9) 机械性损伤：清洗患处扩创包扎；心跳、呼吸停止者进行人工呼吸和心脏按压；四肢骨折要加以固定；脊柱骨折，让病人平卧在硬板或担架上；避免颠簸；送往医院抢救。

(10) 中毒：尽快使病人脱离中毒环境；对皮肤冲洗，清除皮肤上残留毒物，终止毒物继续吸收；脱去染毒衣物；送往医院抢救。

(11) 烧烫伤：迅速终止烧烫伤；保护烧烫伤创面；用清水反复冲洗；送往医院抢救。

(12) 头颈损伤：固定头颈；恶心呕吐者头应侧转；呕吐量多者可采取俯卧位；送往医院抢救。

42. 现场常用应急设备有哪些？

(1) 通信设备：防爆对讲机、无线电话、手摇式报警器等。

(2) 急救设备：急救箱，包括创可贴、纱布、绷带、三角绷带、剪刀、外有药、防中暑药品、担架等。

(3) 个人防护设备：防护服、安全帽、护目镜、听觉保护器、安全手套、安全鞋、防毒面具、呼吸器和安全带等。

(4) 消防设备：手提式干粉灭火器、推车式干粉灭火器、二氧化碳灭火器、消防挂架（消防斧、消防钩、消防桶、消防锹）、消防沙等。

(5) 监测设备：有毒有害气体监测仪等。

(6) 其他应急设备：警戒带、车辆防火帽（罩）、防爆手电、应急灯、危险标识牌等。

第三部分 基本技能

一、操作技能

1. 打录井钢丝绳结

准备工作：

（1）正确穿戴劳动保护用品。

（2）工用具、材料准备：200mm 手钳 1 把、注水井测试堵头 1 个、井下流量计测试绳帽 1 个、ϕ2.4mm 试井钢丝 1000m、擦布 1 块。

操作程序：

（1）操作前的检查。

①用擦布擦拭测试钢丝，检查钢丝有无生锈、腐蚀、砂眼、死弯等现象。

②检查手钳是否有锈蚀，是否灵活好用。

③检查测试堵头螺纹是否完好，穿钢丝的孔眼是否刺大。

④检查绳帽螺纹是否完好，检查钢丝在绳帽内是否转动灵活。

（2）将测试钢丝从测试堵头及测试绳帽依次穿过。

（3）将测试钢丝从堵头及绳帽处拉出，用脚踩住钢丝，将堵头及绳帽轻轻放在适当位置。

（4）双手拿住钢丝，打出圆环，修正圆环，使之与主股钢丝对称。

（5）拉紧钢丝短的一头进行缠绕，下面一层四圈，上面一层三圈，钢丝排列整齐、紧密。绳结总长度不得超过25mm，圆环不得大于12mm，不得小于6mm。

（6）剪掉多余的钢丝，将绳帽根部理直。

（7）将绳结拉入绳帽内，检查绳帽是否转动灵活。

（8）打扫施工现场，将剪断的钢丝头收拾干净。

操作安全提示：

（1）用手钳掰正圆环时一定要夹住圆环，防止手钳没有夹持住钢丝而伤到操作人员。

（2）打圆环缠绕钢丝时，把住钢丝不能松手，防止钢丝反弹伤到操作人员及他人。

（3）剪掉多余的钢丝头时，要注意防止划伤。

2. 制作连接电缆头

准备工作：

（1）正确穿戴劳动保护用品。

（2）工用具、材料准备：450mm管钳1把、300mm扳手1把、十字螺丝刀1把、200mm手钳1把、数字万用表1块、剥线钳1把、电缆绞车1台、井下测调仪1套、电缆头1个。

操作程序：

（1）将车厢内电源断开，将电缆从绞车上拉出5～10m。

（2）用锉刀将电缆在距离电缆头10cm左右位置，挫出一道0.2mm深痕。将电缆外壳掰断，然后用剪刀将电缆的内芯剪断。

（3）将电缆头上的防退螺丝卸掉，将防退弹簧挡圈从槽内起出后卸掉。

（4）用扳手固定住电缆头的上半部分，另一个扳手固定住电缆头的下半部分，然后另一只手沿着顺时针的方向拧电缆头的中间密封腔管部分，直至将电缆头的上下部分卸掉。

（5）用扳手卸掉电缆头上半部分的压紧螺帽，取出电缆卡子、垫片、弹簧。

（6）将电缆依次穿过测试防喷堵头、电缆头、弹簧、垫片、电缆卡子，用压紧螺帽压紧。

（7）用锉刀在距离压紧螺帽 1cm 处挫 0.2mm 深的痕迹，将电缆的外壳掰断，去除编织层。

（8）用防水胶带将电缆外壳和电缆内芯缠紧，防止电缆进水。

（9）电缆芯留有合适的长度然后用剪刀将多余的电缆芯剪断，用拨线钳将电缆芯外皮剥掉。

（10）将电缆内芯穿过电缆头的中间密封腔管部分，然后将上下电缆芯连接起来，然后将连接部位用防水胶带缠紧。

（11）固定住电缆头的上部和下部，逆时针旋转电缆头的连接部分。连接紧固后将弹簧挡圈放入挡圈槽内固定好，然后用十字螺纹刀将电缆头下部的固定螺丝上紧。

（12）断开电缆与控制箱连接后，用兆欧表测量电缆绝缘，阻抗大于100MΩ 时说明绝缘正常。

（13）连接控制箱及笔记本电脑，并将电缆头与测调仪用导线连接，然后打开电源，使仪器进入测试状态后，分别测量仪器的工作电压和工作电流，与控制箱显示一致为正常。

操作安全提示：

（1）电缆从绞车上拉出足够的长度，电缆越短弹性越大，会导致电缆因弹力伤及操作人员。

（2）用锉刀锉电缆时，易发生伤人事故。

（3）打磨电缆毛刺时，一定把住电缆，防止电缆把不住弹开而伤及操作人员。

（4）测量电压、电流时，要注意防止短路事故的发生，使用兆欧表测量完阻抗，必须进行放电。

3. 安装保养钢丝测试防喷装置及测试滑轮总成

准备工作：

（1）正确穿戴劳动保护用品。

（2）工用具、材料准备：900mm 管钳 1 把、200mm 扳手 2 把、套筒扳手 1 套、150mm 平口螺丝刀 1 把、铳子 1 个、手锤 1 把、钢丝测试井口防喷装置 1 套、测试滑轮 1 个、滑轮轴承 2 个及擦布、黄油若干。

操作程序：

（1）根据不同的测试项目及井口状况选择不同类型的井口防喷装置。

（2）检查测试滑轮外观有无变形，焊接部位有无开焊的现象，滑轮的轮边是否有缺口，是否转动正常、无摆动现象。

（3）用扳手将测试滑轮的固定螺丝卸掉，将滑轮轴从滑轮上取下，检查滑轮轴是否变形、弯曲，螺纹是否完好，无磨损、错扣现象。

（4）用卡钳取出弹簧挡片，将滑轮轴承取出。

（5）在滑轮轴承上均匀地涂抹润滑油，将滑轮轴承装在滑轮盘内，装上挡片，将轴穿过滑轮支架及滑轴承，上紧固定螺丝。

（6）检查滑轮转动是否正常、是否同心、是否左右摆动，如果一切正常才可以正常使用。

（7）检查所使用的防喷管是否变形、弯曲，螺纹是否有磨损、错扣现象。

（8）检查防喷管的放空阀门开关是否灵活好用。

（9）检查防喷管操作平台、脚踏、安全带固定环、测试滑轮悬挂装置是否有开焊现象。

（10）检查测试堵头螺纹是否正常，检查并更换堵头内的密封圈，重新连接钢丝绳结。

（11）连接井口防喷装置，将其安装在测试阀门的上端，并将井口滑轮套在防喷管上。

操作安全提示：

（1）手不准放在滑轮与滑轮总成之间，易发生夹手事故。

（2）防喷管的放空阀门必须是高压阀门，防止飞出伤人。

（3）安装防喷管时，操作人员配合好，防止发生防喷管倒伤人事故。

4. 试井绞车测试前检查

准备工作：

（1）正确穿戴劳动保护用品。

（2）工用具、材料准备：300mm 活动扳手 1 把、内六角扳手 1 套、150mm 平口螺丝刀 1 把、100mm 十字螺丝刀 1 把、200mm 手钳 1 把及润滑油、擦布若干。

操作程序：

（1）检查测试绞车底盘是否有螺丝松动，如有松动应用扳手紧固。

（2）检查计数器及指重系统是否准确、灵敏、紧固，否则应及时维修。

（3）检查计量轮内有无泥沙、油污等污物，量轮完好无毛边，有损坏及时更换合适计量轮。

(4) 检查操作面板上的各个仪表、开关是否灵活好用，连接线是否完好无破损。

(5) 检查刹车、滚筒、离合器离合是否工作正常，滚筒转动是否同心、无来回摆动现象。

(6) 检查绞车的润滑部位是否缺油，如果缺油应及时加注。

(7) 检查排丝装置是否转动灵活，麻花轴内是否无泥沙、润滑良好。

(8) 检查气路管线、接头、阀件是否密封，如有漏气现象应及时维修或更换。

(9) 检查气泵是否工作正常，如有故障应停止使用、及时维修。

(10) 检查液压油箱液位高度是否合适、油质是否合格，液压管线是否无损伤和漏油现象，如液压油变质或油位过低应及时更换或补充液压油。

(11) 检查液压泵运转是否正常，检查液压控制阀压力表是否动作灵活、指示准确。

(12) 检查测试钢丝及测试电缆是否有死弯、砂眼、硬伤等现象，长度是否能满足测试要求。

操作安全提示：

(1) 检查紧固绞车机械部件时，一定要在发动机熄灭状态下进行。

(2) 指重装置及计深装置必须准确、好用，否则必须及时维修。

(3) 滚筒转动不同心、来回摆动，要停止使用。

(4) 排丝装置必须转动灵活，不得缺少润滑油，否则会因为不灵活或缺油而造成排丝装置不能转动，影响绞车摆排

钢丝和电缆，严重时会导致绞车不能使用。

（5）液压油质量必须合格，不得缺少，否则会造成测试绞车动力不够而不能使用。

（6）检查钢丝或电缆是否有死弯、砂眼，钢丝长度应大于测试井深100m以上，电缆应大于测试井深200m以上。

5. 液压绞车的保养与操作

准备工作：

（1）正确穿戴劳动保护用品。

（2）工用具、材料准备：300mm活动扳手1把、内六角扳手1套、150mm平口螺丝刀1把、100mm十字螺丝刀1把、200mm手钳1把、液压油1桶及润滑油、擦布若干。

操作程序：

绞车的保养：

（1）检查绞车各部位的固定螺栓是否紧固。

（2）检查计深装置、指重装置是否显示准确、灵活、可靠，检查计量轮、导向轮是否完好，动作是否灵活，无卡、磨现象。

（3）检查刹车带有无变形、开裂、脱铆现象，刹车是否可靠，检查清洁刹车带与刹车鼓的摩擦面，检查调整刹车带与刹车鼓的紧固情况，松开刹车后间隙为2~3mm。

（4）检查滚筒是否转动正常、灵活，无来回摆动，紧固滚筒螺栓、轴承座与轴承架。

（5）检查手摇机构是否轻便、摘挂灵活、可靠。

（6）检查绞车各润滑部位是否缺油，缺油时应及时加注润滑油。

盘绳器的保养：

（7）检查盘丝装置是否动作灵活，光杆表面是否干净、光滑，麻花轴和滑块是否无损伤、间隙合适。

(8) 检查气路操控系统气泵是否运转正常、气动阀灵活好用，分、合动作是否灵活可靠，油门操作是否灵活可靠，检查气路管线、接头、阀件密封，有无漏气现象。

(9) 检查液压油位高度是否合适，液压油有无变质现象；否则应及时补充或更换液压油，检查液压泵运转正常。检查液压管线是否无渗漏、无损伤；检查液压控制阀是否灵活好用，压力表是否指示准确。

(10) 检查测试钢丝（电缆）是否有沙眼、死弯、硬伤等，长度是否能满足测试要求。

(11) 检查测试电缆是否通信正常，用兆欧表测量，阻抗是否正常、大于100MΩ。

绞车的操作：

(1) 根据井场的地形、风向选好停车位置，距离井口20~30m。绞车对正井口滑轮，绞车岗位操作视线要好，应避开电线停车。

(2) 摇紧钢丝，将计数器归零，把离合器松开，慢慢松开刹车，绞车运转，下放测试仪器。

(3) 起下仪器一定要平稳，严禁猛放猛起，正常起下速度钢丝应小于150m/min。电缆不大于80m/min，仪器进入工作筒或未出工作筒之前，钢丝起下速度应小于50m/min，电缆起下速度应小于30m/min。

(4) 起下仪器时，钢丝要绷直，防止拖地、跳槽和打扭等。

(5) 注意观察指重器负荷变化及转数表的计数情况，防止跳字、卡字现象。

(6) 仪器下到测试深度时要放慢下放速度，到达测试层

位要刹住刹车进行停测。

(7) 仪器起至距离井口150m时，减速慢起，钢丝速度小于50m/min，电缆速度小于30m/min，距离井口20m时应停车用手摇，使仪器慢慢进入防喷管。

(8) 仪器进入防喷管后，关闭阀门放空卸堵头，起出仪器，将钢丝盘回绞车，将刹车刹死。

操作安全提示：

(1) 油门控制应当平稳缓慢，严禁急加、急收。

(2) 钢丝、电缆无死弯、砂眼、硬伤，否则会因为死弯和砂眼造成井下事故。

(3) 选择停车位置时，必须避开电线，如果电线在井口正上方，应禁止操作施工。

(4) 上提仪器不得太快，过层不能太快，一定要手摇绞车让仪器进入防喷管。

(5) 使用兆欧表测量完阻抗时，必须进行放电。

6. 计量轮的更换与检查

准备工作：

(1) 正确穿戴劳动保护用品。

(2) 工用具、材料准备：300mm活动扳手1把、150mm螺丝刀1把、400mm钢板尺1把、300mm外卡1把、内六角扳手1套、测试绞车1台、新的计量轮1个、压紧轮1个、擦布若干（根据测试绞车不同，选择合适的工具）。

操作程序：

检查计量轮：

(1) 检查计量轮转动情况是否同心，是否来回摆动。

(2) 检查计量轮与转数表芯子的连接状况，转数表芯子是否连接紧固。

（3）检查计量轮的固定螺丝是否紧固。

（4）检查计量轮与压紧轮的结合是否紧密。

（5）检查压紧轮是否完好，如果磨损严重应及时更换。

（6）检查转数表芯子转动是否正常，芯子内是否润滑、缺油。

（7）检查顶压紧轮的滑块是否完好，顶滑块的螺丝螺纹是否完好。

（8）检查计量轮支架是否完好，是否有开焊，否则应及时维修或更换。

更换计量轮：

（1）卸掉转数表芯子。

（2）卸松压紧轮，取出钢丝。

（3）使用外卡和钢板尺，量出计量轮内槽直径。

（4）根据公式计算出计量轮的误差：

$$\Delta H = 1000 - (D + d)\pi E_2/E_1$$

式中 ΔH——转数表每米记录误差，mm；

D——量轮直径，mm；

d——钢丝直径，mm；

E_1——主变速轮齿数；

E_2——副变速轮齿数。

油田上常用的 E_2/E_1 齿轮比有25/18、1.6等。

（5）计量轮直径误差不得超过±0.5mm，否则需更换计量轮。

（6）用扳手卸掉计量轮。

（7）将符合使用要求的计量轮安装在计量轮的支架上，上紧固定螺丝。

（8）将合格的压紧轮安装好，并调整好压紧轮与计量轮

之间的间隙。

(9) 转动计量轮看计量轮的转动是否正常。

(10) 将转数表芯子与计量轮连接紧固。

操作安全提示：

(1) 检查、更换计量轮时，一定要保证发动机处于熄火状态。

(2) 压紧轮必须完好。压紧轮与计量轮结合必须紧密，否则会造成钢丝从计量轮脱出或打扭，造成安全事故。

(3) 卸松压紧轮，取出钢丝时，防止钢丝弹出，伤及操作人员。

(4) 必须调整好压紧轮与计量轮的间隙，若过紧，则计量轮不转动，若过松，则会造成钢丝跳出计量轮。

7. 弹簧式振荡器的保养与检查

准备工作：

(1) 正确穿戴劳动保护用品。

(2) 工用具、材料准备：600mm 管钳 2 把、100mm 螺丝刀 1 把、油盆 1 个、弹簧式振荡器 1 支、棉纱若干、黄油若干。

操作程序：

(1) 检查振荡器主体是否完好，是否弯曲、变形，如有以上现象应及时修理或更换。

(2) 更换各连接部位的密封胶圈，保证连接部位的紧固。

(3) 检查各连接部位的螺纹是否有磨损、错扣现象，如有螺纹磨损或错扣应及时更换。

(4) 主体下落灵活，靠自重下落时止动片能归位，并能锁止外套。

(5) 清洗振荡器各部位油污、杂物。

(6) 检查各部位紧固，主体大销钉牢固，在地面震击二次以上无松动。

(7) 手压止动片弹起灵活并突出外套12mm，弹力小于4.9N时更换止动弹簧。

(8) 主体弹簧应完好，试验拉开力量不小于280N。

操作安全提示：

(1) 使用专用工具拆卸振荡器，操作平稳，防止伤人。

(2) 振荡器主体拉出或回落时，手放的位置要正确，防止发生伤人事故。

8. 提挂式投捞器的保养及检查

准备工作：

(1) 正确穿戴劳动保护用品。

(2) 工用具、材料准备：100mm、150mm平口螺丝刀各1把，450mm、600mm的管钳各1把，精度0.02mm、规格0~200mm游标卡尺1把，提挂式投捞器1支，各个部位弹簧若干，棉纱若干，柴油少许。

操作程序：

拆投捞器：

(1) 卸下绳帽。

(2) 卸下上锁轮的螺钉，取出上锁轮。

(3) 卸下投捞爪调整螺丝，取支撑弹簧。

(4) 卸下投捞爪的连接螺丝，取出投捞爪。

(5) 卸下下部锁轮的螺钉，取出下部锁轮。

(6) 卸下定向爪固定螺丝，取出定向爪及支撑弹簧。

(7) 检查、擦拭投捞器的主体及各个部件，如锈蚀严重，将投捞器的各个部件放入柴油中浸泡，去除锈蚀，更换各部位的弹簧。

（8）检查各连接部位的螺纹是否完好，如有螺纹磨损、错扣的应及时修理或更换。

组装投捞器：

（1）装上定向爪支撑弹簧，将定向爪放入定向芯子内，安装定向爪固定螺丝，安装下部锁轮。

（2）将投捞爪与投捞器主体对接好，然后上紧固定螺丝，安装上部锁轮。

（3）安装好支撑弹簧，上好调整螺丝并做适当调整。

（4）紧固各连接部位，上紧各部位螺丝。

（5）用锁轮锁定投捞爪和定向爪后，再逐渐释放开，各部件动作灵活。

（6）测量定向爪张开后，突出定向心外套不大于6±0.5mm。

（7）用游标卡尺测量主、副投捞爪，主、副投捞爪收拢后外径投捞器最大外径不大于44mm，投捞爪张开后，外径必须在96～106mm之间。

（8）各固定螺钉应拧紧，不应突出，各部位弹簧性能良好，打捞头、压送头部件齐全完好。

操作安全提示：

（1）操作平稳，防止工具脱手伤人。

（2）卸下零件，摆放整齐牢靠，防止掉落发生伤人事故。

（3）使用柴油清洗投捞器各个部件时，不准动用明火，防止发生火灾。

9. 偏心堵塞器的保养及检查

准备工作：

（1）正确穿戴劳动保护用品。

（2）工用具、材料准备：200mm手钳1把，100mm平口螺丝刀1把，平锉刀1把，台虎钳1台，铳子1把，手锤1把，精度0.02mm、规格0～200mm卡尺1把，偏心堵塞器5支，密封圈、弹簧若干，棉纱若干，柴油500mL，扭簧10个，不同直径的水嘴若干，擦布若干。

操作程序：

（1）检查偏心堵塞器是否完好，是否弯曲。

（2）检查打捞杆是否弯曲、变形或断裂。

（3）检查台虎钳是否灵活好用。

（4）拆偏心堵塞器：

①用棉纱将偏心堵塞器擦拭干净。

②用手钳将偏心堵塞器的压盖卸松，用手将压盖卸掉。

③用螺丝刀将压盖上的密封圈卸掉。

④取出弹簧及打捞杆。

⑤用擦布将堵塞器包好，留出凸轮销子的位置，将堵塞器夹持在台虎钳上。

⑥用铳子对正凸轮销子位置，用手锤敲击，将凸轮销子从堵塞器上取出。

⑦取出扭簧及凸轮。

⑧卸掉过滤网，取出水嘴，卸下密封圈，测量水嘴直径。

⑨从堵塞器主体上卸下四道密封圈。

⑩擦拭检查各部件，如有损坏应更换。

（5）装偏心堵塞器：

①安装堵塞器四道密封圈，测量密封圈过盈量，在0.2～0.4mm之间。

②测量要更换的水嘴直径，更换水嘴密封圈，顺序安装水嘴及过滤网。

③将更换的扭簧放入扭簧槽内，装入凸轮。

④将凸轮销子穿过凸轮、扭簧及堵塞器主体，用铳子将凸轮销子固定。

⑤安装打捞杆，安装打捞杆弹簧。

⑥更换压盖密封圈，上紧压盖。

⑦测量凸轮的外伸尺寸，凸出主体2～3mm为合格。

⑧将压盖和过滤网上紧。

操作安全提示：

（1）用螺丝刀卸密封圈时，防止螺丝刀打滑伤人。

（2）用台虎钳夹持堵塞器时一定要夹紧，防止堵塞器从台虎钳崩出伤人。

（3）用柴油浸泡堵塞器各部件时，不得吸烟或者有明火。

（4）用手钳卸松压盖时，要把堵塞器夹住，防止发生掉落伤人。

（5）检查各个部位螺纹的时候，一定要带好防护手套。

（6）用锉刀打磨凸轮销子时，一定要平稳操作，防止锉刀伤及操作人员。

10. 存储式井下流量计使用前的检查

准备工作：

（1）正确穿戴劳动保护用品。

（2）工用具、材料准备：450mm管钳1把、300mm活动扳手2把、数字万用表1块、存储式井下流量计1支、擦布若干、润滑油若干。

操作程序：

（1）检查电子流量计的效验合格证是否合格，选择合适量程的井下流量计。

（2）检查电子流量计的外观是否完好，是否有弯曲的现象，如有以上现象应及时更换，不得使用。

(3)检查电子流量计外部的螺丝是否松动，如有松动应将螺丝上紧才能使用。

(4)检查电子流量计螺纹是否完好，无磨损和错扣的现象，如有磨损和错扣应及时更换，不得使用。

(5)检查电子流量计各个连接部位是否有松动，如有松动应紧固。

(6)检查并擦拭电子流量计的上下探头及传压孔，保证上下探头清洁，传压孔畅通。

(7)检查通信电缆外观是否完好，与回放设备通信正常，如通信不正常，应及时维修或更换。

(8)检查并测量电池电压能否满足测试要求，电压过低应及时充电。

(9)检查流量计回放仪电压是否正常，回放仪上灯为绿色为电压正常，红色为欠压，应给回放仪充电。

(10)检查加重杆是否弯曲，螺纹是否完好，上、下扶正器是否完好，尺寸合适。

(11)检查绳帽螺纹及绳结是否完好，否则应及时更换绳帽和重新打绳结。

(12)将绳帽、压紧接头、电池、流量计、加重杆连接起来，紧固后准备下井。

操作安全提示：

(1)上卸仪器时，必须用专用扳手，禁止用管钳上卸。

(2)操作时要轻拿轻放，禁止猛顿、猛放。

(3)连接数据线，一定要保证正确插接，放入电池时，要确认安装到位后再上电池压帽。

(4)插接数据线时，要在关机状态下进行。

(5)各个螺纹部位及螺钉一定要紧固牢靠，防止造成仪

器脱扣和井下事故。

11. 注水井分层测配前的准备

准备工作：

(1) 正确穿戴劳动保护用品。

(2) 工用具、材料准备：450mm 管钳 1 把、300mm 活动扳手 1 把、测试绞车 1 台、井下流量计 1 支、防喷装置 1 套、压力表 1 块、提挂式投捞器 1 支、打捞头 1 个、压送头 1 个、水嘴若干、堵塞器若干、润滑油若干。

操作程序：

(1) 测试通知单的准备：

通知单应有管柱结构、层段深度、各层的配注量、层段性质、水嘴大小、配注压力、层段号、井下工具型号、测试班组及上次测试日期等数据。

(2) 测试井的准备：

①测试前应提前洗井，清除井内的脏物，待注水压力稳定后才能测试。

②测试井的各个阀门应灵活好用，水表、压力表应达到测试要求。

③了解测试井的层段配注要求及正常注水压力和水量。

(3) 测试绞车的准备：

①检查测试绞车工作是否正常，检查绞车各个部位的固定螺丝是否牢固，刹车、摇把、离合器是否灵活好用。

②检查液压油的液位高度是否符合要求，液压油质量是否合格，如达不到要求应及时补充或更换。

③检查钢丝和电缆是否有砂眼、死弯，长度是否够长。

④检查传动系统工作是否正常，管线是否完好、无漏油现象。

⑤检查计数器、指重装置是否工作正常，如不正常应及时维修或更换。

⑥检查计量轮是否完好、尺寸合格，量轮槽内有无泥沙、油污，轮边有无毛边、缺口，否则应及时更换。

⑦传动软轴与计量轮和计数器结合完好，转动自如。

⑧排丝装置工作正常，绞车控制面板各仪器、开关灵活好用。

（4）防喷装置的准备：

①检查防喷管的螺纹是否完好，脚踏焊接是否牢固，安全带固定装置和滑轮悬挂装置是否焊接牢固。

②测试堵头密封圈是否完好，堵头螺纹是否完好无损伤。

③检查滑轮转动是否灵活、同心，无来回摆动现象。

④将操作平台安装牢固。

⑤准备地滑轮和加固防喷管的钢丝绷绳。

（5）测试仪器及工具的准备：

①选择效验合格、量程合适的井下流量计。

②根据测试要求准备好测试投捞器及相应的打捞头、压送头、偏心堵塞器、水嘴等工具。

（6）这样测试前的准备工作就准备完毕，可以进行水井测试了。

操作安全提示：

（1）测试井各个阀门必须灵活好用，压力表及水表必须完好、准确，否则应及时维修或更换。

（2）电缆、钢丝必须完好无损，否则应及时更换。

（3）排丝装置运转一定要正常，否则会造成钢丝排列不紧密而发生钢丝、电缆打扭或死弯，使钢丝、电缆不能使用。

(4) 测试防喷管螺纹及各个焊接部位必须完好。

(5) 操作平台安放一定要牢固，否则会给操作人员带来安全的隐患。

(6) 地滑轮和绷绳必须准备，防止防喷管因吃力过大造成安全事故的发生。

12. 捞投分层注水井偏心堵塞器的操作

准备工作：

(1) 正确穿戴劳动保护用品。

(2) 工用具、材料准备：450mm、600mm、900mm 管钳各1把，300mm 活动扳手2把，150mm 平口螺丝刀1把，试井绞车1台，测试滑轮，注水井测试防喷装置1套，提挂式偏心投捞器1支，打捞头1个，压送头1个，堵塞器若干，振荡器1个，棉纱若干，笔若干，报表若干。

操作程序：

操作前应清楚井下管柱的结构，偏心配水器类型、数量及规格，井下有无落物。

(1) 打捞偏心堵塞器：

①根据风向选择好车辆摆放位置，安装防喷管和滑轮支架，从绞车上拉出钢丝，穿过防喷管堵头、绳帽，打绳结。

②将绳帽、振荡器和偏心投捞器顺序连接，并紧固连接部位。

③放入防喷管内，上紧防喷堵头，关闭防喷管的防空阀门，拉紧钢丝，计数器归零。

④打开测试阀门，调节好密封填料压帽的松紧，开始下放仪器，速度不大于150m/min，接近工作筒100m 时，减速至50m/min 的速度下放。

⑤投捞器下过预计层位以下 3 ~ 5m 后，缓慢上提仪器，

超过目的层工作筒 3 ~ 5m 后，下放投捞器，打捞头坐入工作筒偏心孔与堵塞器对接上，上提投捞器，观察油压及水量变化，若压力下降、水量上升，则说明打捞成功。

⑥上提投捞器，至井口 150m 减速，20m 停车手摇至投捞器进入防喷管，核对计数器。

⑦关闭测试阀门，打开放空阀门，卸堵头，取出投捞器。

（2）投送偏心堵塞器：

①根据风向选择好车辆摆放位置，安装防喷管和滑轮支架，从绞车上拉出钢丝，穿过防喷管堵头、绳帽，打绳结。

②将绳结与连接好的偏心投捞器连接好，并紧固连接部位。

③放入防喷管内，上紧防喷堵头，关闭防喷管的防空阀门，拉紧钢丝，计数器归零。

④打开测试阀门，调节好密封填料压帽的松紧，开始下放仪器，速度不大于 150m/min，接近工作筒 100m 时，减速至 50m/min 的速度下放。

⑤投捞器下过预计层位以下 3 ~ 5m 后，缓慢上提仪器，超过工作筒 3 ~ 5m 后，下放投捞器。

⑥坐入工作筒偏心孔出，上提投捞器 3 ~ 5m，使压送头与堵塞器脱离。观察油压及水量变化，若压力上升、水量下降，再缓慢下放投捞器，使投捞器再次坐在偏心孔上，然后上提投捞器，再观察油压与水量的变化（与上一次水量及压力一致说明投送成功）。

⑦上提投捞器，至井口 150m 减速，20m 停车手摇至投捞器进入防喷管，核对计数器。

⑧关闭测试阀门，打开防空阀门，卸堵头，取出投捞器。

操作安全提示：

（1）施工前要制订安全措施及事故处理应急预案，准备好安全警示标识。

（2）开关阀门一定要侧身操作，防止丝杆飞出伤人。

（3）测试阀门关闭后，未放空或放空不通，不能卸堵头。

（4）传递仪器时要注意做好配合，并要有呼应。

（5）高空作业时，操作人员应穿戴好安全防护用具，并有专人监护。

（6）安装防喷管时，操作人员配合好，防止发生防喷管倾倒伤人事故。

（7）大雾、大雨、大雪、六级以上大风或夜间，不能进行测试。

13. 存储式（非集流）井下流量计测试注水井分层注水量的操作

准备工作：

（1）正确穿戴劳动保护用品。

（2）工用具、材料准备：450mm、600mm、900mm 管钳各1把，300mm 活动扳手2把，秒表1块，测试滑轮，注水井测试防喷装置1套，井下流量计1支，地面回放仪1台，加重杆2支，擦布若干，黄油1管。

操作程序：

操作前应了解测试井井下管柱结构、各层配水量、水嘴规格、全井注水量及配注压力。

（1）仪器的检查：根据注水量选择合适量程的井下流量计。

①检查仪器外观有无损坏、螺纹是否完好、各连接部位是否紧固，检查并清洁仪器探头。

②检查电池电量是否正常、上扶正器是否正常。

③检查加重杆螺纹是否完好、下扶正器是否正常。

（2）记录井口油压及注入量。

（3）根据风向选择好车辆摆放位置，安装防喷管和滑轮支架，从绞车上拉出钢丝，穿过防喷管堵头、绳帽，打绳结。

（4）控制好油压及注入量，使注水压力达到配注的要求。

（5）在地面设置好井下流量计的工作参数。

（6）将上扶正器、电池、井下电子流量计、加重杆与下扶正器顺序连接并紧固，准备下井。

（7）将仪器装入防喷管内，上好堵头，将钢丝扶入滑轮槽内，滑轮对准绞车，关放空阀门。

（8）摇紧钢丝，转数表归零，缓慢打开测试阀门，下放流量计；下仪器速度不大于150m/min。

（9）流量计下放到最下级工作筒以下3～5m，启动绞车将仪器提到工作筒以上，再放入工作筒停测3～5min。

（10）上提流量计至上一级工作筒3～5m以上停测3～5min，以此类推，测完所有层段。

（11）上起仪器速度不大于150m/min，离井口100m减缓速度，离井口20m停车，手摇慢慢进入防喷管内，关闭测试阀门，放空，卸堵头，取出仪器。

（12）卸下电池，用通信线把仪器与回放仪连接好，打开回放仪的电源开关，点击数据回放键进入回放程序，确定各层的视水量及压力，然后点击打印测试卡片。

（13）整理测试资料，准备上报。

操作安全提示：

（1）施工前要制订安全措施及事故处理应急预案，准备好安全警示标识。

（2）开关阀门一定要侧身操作，防止丝杆飞出伤人。

（3）测试阀门关闭后，未放空或放空不通不能卸堵头。

（4）传递仪器时要注意做好配合，并要有呼应。

（5）高空作业时，操作人员应穿戴好安全防护用具，并有专人监护。

（6）安装防喷管时，操作人员配合好，防止发生防喷管倾倒伤人事故。

（7）大雾、大雨、大雪、六级以上大风或夜间，不能进行测试。

14. 注水井（集流式）测调联动仪测试分层注水量的操作

准备工作：

（1）正确穿戴劳动保护用品。

（2）工用具、材料准备：450mm、600mm、900mm 管钳各1把，300mm 活动扳手2把，秒表1块，电缆测试滑轮支架及地滑轮1套、测试防喷装置1套，双滚筒联动试井车1台，井下测调仪1套，擦布若干。

操作程序：

操作前必须了解井下管柱结构、配注水量、压力和正常注水时的压力、注水量。

（1）检查绞车、电缆、计深装置及张力指示装置是否完整、齐全，能满足测试要求。

（2）检查仪器和电缆头各部螺纹有无松动，各螺钉是否紧固，仪器导向机构是否正常。

（3）记录井口油压及注入量；关闭清蜡阀门，打开放空阀门卸堵头，安装防喷管及电缆测试滑轮支架。

（4）控制好油压及注入量；将电缆连接头、量程适合的井下测调仪与加重杆组装好。

（5）在地面检查仪器的各项功能是否正常，然后收起导向装置，由计算机发出命令收回调节臂，关闭供电电源，准备下井。

（6）将仪器装入防喷管内，上好堵头，关好放空阀门，将电缆放入滑轮槽内，使电缆对准绞车。

（7）摇紧电缆，使转数表归零，打开测试阀门，下放测调仪器；仪器下放速度不大于80m/min；仪器在封隔器及层段时要减速通过30m/min。

（8）测调仪下放到最下级工作筒以下3~5m，用绞车将仪器提到工作筒以上5~10m，弹开调节臂，以30~50m/min的速度坐封完成，井下仪器调节臂与井下偏心配水器内堵塞器调节杆对接；检查坐封对接情况。

（9）对接正常，开始测检配卡片，在压力和流量稳定后，采集数据5min；测量出此层流量、压力数据，记录数据于表格中并保存曲线。

（10）上提测调仪坐入上一级层段，进行数据采集，以此类推，测完所有层段；测量结束后，上提仪器到油管中，收起调节臂，将检配数据保存。

（11）按照检配结果和配注方案的要求进行对比，将仪器下到需要调试的配水层的配水器上方5~10m处，打开调节臂，往下坐封，地面控制调节该层流量直至符合要求，调试完成后，将仪器上提至上一个需要调试的层，以此类推，直至所有需要调试的层都达到要求为止，等待压力和水量都稳定后按要求录取各压力点测试卡片。

（12）上提仪器到油管中，收起调节臂，将调节后的数据保存到对应的表格中，上起仪器速度不大于80m/min，离井口100m减缓速度，离井口20m停车，手摇慢慢进入防喷管内，关闭测试阀门后放空，卸堵头，取出仪器。

（13）在地面弹出调节臂，关断电源。卸下电缆连接头，

装上保护帽，将电缆摇进滚筒，刹紧刹车。

（14）整理测试资料，准备上报。

操作安全提示：

（1）施工前要制订安全措施及事故处理应急预案，准备好安全警示标识。

（2）开关阀门一定要侧身操作，防止丝杆飞出伤人。

（3）测试阀门关闭后，未放空或放空不通不能卸堵头。

（4）传递仪器时要注意做好配合，并要有呼应。

（5）高空作业时，操作人员应穿戴好安全防护用具，并有专人监护。

（6）安装防喷管时，操作人员配合好，防止发生防喷管倾倒伤人事故。

（7）大雾、大雨、大雪、六级以上大风或夜间，不能进行测试。

（8）卸电缆头时，做好绝缘工作，防止发生触电事故。

15. 注聚井分层测试的操作

准备工作：

（1）正确穿戴劳动保护用品。

（2）工用具、材料准备：600mm 管钳 2 把、900mm 管钳 1 把、36mm 套筒扳手 2 支、井下电磁流量（加重杆、上下扶正器、电池）1 套、回放设备 1 台、测试滑轮 1 套、测试车 1 台、注水井测试防喷装置 1 套、擦布若干。

操作程序：

（1）检查、了解井内管柱结构、深度及配注流量数据是否齐全准确。

（2）检查测试滑轮支架，堵头、卡箍、防喷管是否清洁无油污，各焊接处是否牢固、螺纹完好、空阀灵活好用。

（3）检查钢丝试井绞车传动、离合及刹车装置是否灵活好用，钢丝是否无砂眼、无裂痕、无扭折缠绕整齐，直径、长度是否满足测试要求，检查计深装置计，量轮尺寸是否合格、槽内有无油污。

（4）检查配注芯捞矛是否性能良好，弹簧弹性是否合适，测试投送器最大外径不得小于48mm。

（5）根据井场情况及风向选择测试车停放位置。

（6）安装防喷管和滑轮支架，从绞车上拉出钢丝，穿过防喷管堵头、绳帽，打绳结。

（7）将绳帽、加重杆、井下电磁流量计顺序连接。

（8）组装好仪器，放入防喷管中，上紧堵头，拉紧钢丝，计数器清零。

（9）关闭放空阀门，缓慢打开测试阀门，待防喷管内充满压力后，再全部打开。

（10）开始下放仪器，速度不大于100m/min，接近工作筒100m时减速至50m/min下放。

（11）下放至最下一层以上3～5m，刹车，停3～5min进行流量测试，然后上提至上一层段以上3～5m进行停测。

（12）当测试完最上一层后，上起仪器，至井150m时减速，距井口20m处停车，手摇将仪器起防喷管内。

（13）关闭测试阀门，放空、卸堵头、取出仪器。

（14）卸下绳帽、加重杆、电池，连接回放设备，回放查看测试资料，并进行保存。

操作安全提示：

（1）施工前要制订安全措施及事故处理应急预案，准备好安全警示标识。

（2）开关阀门一定要侧身操作，防止丝杆飞出伤人。

（3）测试阀门关闭后，未放空或放空不通不能卸堵头。

（4）传递仪器时要注意做好配合，并要有呼应。

（5）高空作业时，操作人员应穿戴好安全防护用具，并有专人监护。

（6）安装防喷管时，操作人员配合好，防止发生防喷管倾倒伤人事故。

（7）大雾、大雨、大雪、六级以上大风或夜间，不能进行测试。

16. 同心注聚井打捞、投送配注芯操作

准备工作：

（1）正确穿戴劳动保护用品。

（2）工用具、材料准备：600mm 管钳 2 把，900mm 管钳 1 把，36mm 套筒扳 2 支。配注芯捞矛 1 支，配注芯投送器 1 支，直径 ϕ58mm、ϕ56mm、ϕ54mm 三种规格不同长度配注芯及相应规格的密封圈，注水井测试防喷装置一套，测试车 1 台。

操作程序：

（1）操作前的检查：

①检查、了解井内管柱结构、深度及配注流量数据是否齐全准确。

②检查准备测试滑轮支架，堵头、卡箍、测试防喷管（防喷管是否清洁无油污，各焊接处是否牢固，螺纹是否完好，空阀是否灵活好用）。

③检查钢丝试井绞车传动、离合及刹车装置是否灵活好用，钢丝是否无砂眼、无裂痕、无扭折缠绕整齐，直径、长度是否满足测试要求，检查计深装置计，量轮尺寸是否合格，槽内是否无油污。

④检查配注芯捞矛是否性能良好，弹簧弹性是否合适，

测量捞矛张开最大外径不得小于46mm，投送器最大外径不得小于48mm。

（2）根据井场情况及风向选择测试车停放位置。

（3）安装防喷管和滑轮支架，从绞车上拉出钢丝，穿过防喷管堵头、绳帽，打绳结。

打捞配注芯操作：

（4）将绳帽、加重杆、振荡器、打捞矛顺序连接。

（5）将组装好的配注芯打捞矛放入防喷管，上好堵头，拉紧钢丝，计数器清零。

（6）关闭放空阀门，缓慢打开测试阀门，待防喷管内充满压力后，再全部打开。

（7）开始下放仪器速度不大于100m/min，接近工作筒100m时减速至不大于50m/min下放。

（8）下放至第一级（最上一层）配注器以下3～5m后，上提打捞矛注意观察指重器负荷变化，负荷变大说明捞出。

（9）下放打捞矛至第二级配注器以下3～5m，上提打捞矛注意观察指重器负荷变化，负荷变大说明捞出。

（10）再次下放打捞矛至第三级配注器以下3～5m，上提打捞矛观察指重器负荷变化，负荷变大说明捞出。

（11）这样就可以把三个配注芯一起捞出，如果配注芯过长，两个配注芯长度加在一起超过1.5m，则不允许一起捞出，应从第一级配注芯开始，分多次捞出。

（12）用25m/min的速度上提过第一级封隔器以上后，用100m/min的速度平稳上起。

（13）上起仪器，至井150m时减速，距井口20m处停车，手摇将仪器起防喷管内。

（14）关闭测试阀门，放空，卸堵头，取出打捞矛及配

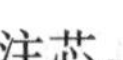

注芯。

投送配注芯操作：

（1）将绳帽、加重杆、振荡器、投送器顺序连接。

（2）投送配注芯的顺序是自下而上开始逐层进行投送，不能一起投送（先投送最下一层配注芯）。

（3）将配注芯和组装好的投送器放入防喷管内，上好堵头，关闭放空，打开测试阀门。

（4）开始下放仪器速度不大于100m/min，接近工作筒100m时，减速至不大于50m/min下放。

（5）当仪器下至需要投送的目的层以上时，加快下放速度，靠冲击力将配注芯投送至井下配注器内。

（6）用25m/min的速度上提过第一级封隔器以上后，用100m/min的速度平稳上起。

（7）上起仪器，至井150m时减速，距井口20m处停车，手摇将仪器起防喷管内。

（8）关闭测试阀门，放空，卸堵头，取出投送器。

（9）再重复以上步骤投送其他层配注芯。

操作安全提示：

（1）施工前要制订安全措施及事故处理应急预案，准备好安全警示标识。

（2）开关阀门一定要侧身操作，防止丝杆飞出伤人。

（3）测试阀门关闭后，未放空或放空不通不能卸堵头。

（4）传递仪器时要注意做好配合，并要有呼应。

（5）高空作业时，操作人员应穿戴好安全防护用具，并有专人监护。

（6）安装防喷管时，操作人员配合好，防止发生防喷管倾倒伤人事故。

(7) 大雾、大雨、大雪、六级以上大风或夜间，不能进行测试。

(8) 打捞同心配注芯时，若遇卡，不能硬拔，需停车关井，上下多活动振荡或调换方向解卡。

17. 制作打捞矛的操作

准备工作：

(1) 正确穿戴劳动保护用品。

(2) 工用具、材料准备：台虎钳 1 台、板锉 1 把、电焊机 1 台、钢锯 1 把、钢锯锯条若干、接头 1 个、20mm×500mm 圆钢、8mm×50mm 钢筋。

操作程序：

(1) 准备工具，检查设备、工具是否齐全。

(2) 将直径为 20mm 的圆钢夹在台钳上，用板锉把一头打磨成圆锥形，堆长约 20mm 左右。

(3) 将直径为 8mm 的钢筋夹在台钳上，用钢锯将钢筋斜角平行锯成 5 个钩齿，两面相同，尖角为 30°，两尖距约 40mm。

(4) 将钩齿焊接到钩身上，排列到 120°角的不同方向。

(5) 将打捞矛与接头焊接在一起。

(6) 用三角锉打磨钩齿和带有毛刺的地方。

操作安全提示：

(1) 在用锉刀锉打捞矛时一定要注意安全，要平稳操作。

(2) 用钢锯锯钢筋时，要慢慢地锯，防止用力过大，锯条断裂，伤及操作人员。

(3) 焊接点一定要焊接结实，不得有虚焊、漏焊。

(4) 焊接打捞矛的时候一定要避开弧光，避免造成眼部灼伤。

(5) 使用电源时一定要注意用电安全，避免触电事故的发生。

18. 打捞井下落物的操作

准备工作：

(1) 正确穿戴劳动保护用品。

(2) 工用具、材料准备：450mm、600mm 管钳 2 把，900mm 管钳 1 把，200mm 螺丝刀 1 把，胶皮阀门 1 个，铅模 4 个，加重杆 1 支，打捞卡瓦 1 个，振荡器 1 支，打捞矛 2 支。

操作程序：

(1) 首先了解落物井的井下管柱结构，检查井口各阀门开关是否灵活。

(2) 了解落物井的生产情况，如压力、水量、出砂情况等。

(3) 落物原因的确定：

①搞清落物的原因、形状、尺寸和深度，绘制草图。

②若为脱扣落物，首先确定脱扣部位，落物的结构、长度、外形特征及鱼尾螺纹形。

③若为断钢丝落物，要了解断钢丝的原因，如仪器遇卡拔断，确定剩余钢丝长度；钢丝在井筒内打扭拉断，确定钢丝拉断深度；绳结拉脱；在井口碰断或井口关断。

(4) 打捞卡钻落物：

①遇卡严重的应该先下通杆多砸几下，以减小被卡程度。

②连接好绳帽、加重杆、振荡器、打捞筒。

③为了减小压力，可先关井或放大压差喷一下，然后再下打捞工具。

④捞住落物后不能硬拔，应用振荡器反复振荡。

⑤为了防止卡钻严重，再次把钢丝拔断，应在打捞工具

上接一个负荷安全接头。当负荷超过钢丝的允许值时，安全接头上的销钉被剪断，钢丝就能从井下起出，然后进行二次打捞。

⑥当多次振荡不能解卡时，应将绞车的压力调小，然后继续反复振荡，直至解卡为止。

（5）打捞带钢丝的落物：

①连接好绳帽、加重杆、振荡器、打捞矛准备下井。

②打捞工具下放深度不宜过大，应下一定深度后上提，观察指重器上的负荷变化。

③负荷没有变化再下放一定深度后上提，继续观察指重器的变化。

④逐步加深深度，直到捞住钢丝为止，然后中间岗的操作人员应反复压钢丝，让打捞矛能够牢固地抓住井下的钢丝。

⑤上提钢丝，绞车的速度一定要慢，速度应均匀，不能时快时慢，速度控制在30m/min，避免因为速度快造成井下钢丝再次落入井下。

⑥将钢丝提至井口进入防喷管内时，关闭胶皮阀门，放空后卸下堵头，提出打捞工具。将胶皮阀门以上的钢丝理直，将理直的钢丝穿过堵头，并将防喷堵头上的防喷盒上紧，打开胶皮阀门，再缓慢上提，将钢丝提出。

⑦按照上述方法再次下井打捞剩下的钢丝，直至将井下的钢丝捞出为止。

⑧如不确定钢丝是否全被捞出，则下仪器打印铅模，打印铅模后确定没有钢丝则下打捞筒将井下工具打捞出来。

（6）然后收拾工具，打扫井场，控制好注水压力，恢复注水。

操作安全提示：

（1）施工前要制订安全措施及事故处理应急预案，准备

好安全警示标识。

(2) 开关阀门一定要侧身操作，防止丝杆飞出伤人。

(3) 测试阀门关闭后，未放空或放空不通不能卸堵头。

(4) 传递仪器时要注意做好配合，并要有呼应。

(5) 高空作业时，操作人员应穿戴好安全防护用具，并有专人监护。

(6) 安装防喷管时，操作人员应配合好，防止发生防喷管倾倒伤人事故。

(7) 大雾、大雨、大雪、六级以上大风或夜间，不能进行测试。

(8) 打捞工具进入防喷管后方可关闭胶皮阀门，放空或放空不通不准卸堵头。

(9) 打捞时，必须安装地滑轮，防止发生防喷管断，造成伤人事故。

(10) 打捞时，需要放空卸压时，必须有罐车，禁止外排。

19. 选配分层注水井水嘴

准备工作：

(1) 正确穿戴劳动保护用品。

(2) 工用具、材料准备：精度0.02mm、规格0～200mm游标卡尺1把，计算器1个，笔1支，纸若干张，水嘴若干个。

操作程序：

(1) 用流量计测出各分层水、分层注水量等原始资料。

(2) 根据测试资料整理计算出分层吸水量，并绘制分层指示曲线，得到正常注水压力下各层段的实际注水量。

(3) 打捞出要选配层段堵塞器，测量水嘴直径。

(4) 根据分层配注量，按公式计算出水嘴：

$$d_{选} = b\sqrt{\frac{Q_{配}}{Q_{测}}}d_{原}$$

式中 $d_{选}$——所要选配的水嘴直径，mm；

$d_{原}$——原用水嘴直径，mm；

$Q_{配}$——层段配注水量，m^3/d；

$Q_{测}$——层段测试注水量，m^3/d；

b——层段系数，加强层取 $b=1.1$，限制层取 $b=0.9$。

(5) 按公式计算出水嘴直径，结合实际井况，选择合适的水嘴每个层段的注水量，选则水嘴时要根据层段性质来选水嘴。加强层按上限选择，限制层按下限选择。

20. 选择压力计量程

准备工作：

(1) 正确穿戴劳动保护用品。

(2) 工用具、材料准备：计算器一个、笔一支、纸若干张。

操作程序：

选择压力计量程：

(1) 了解测试仪器设计下入深度。

(2) 了解测试井油压及地层压力。

(3) 量程计算公式：

($H_{仪深}$/100 + 油压) /50%；

($H_{仪深}$/100 + 油压) /80%。

(4) 选择合适量程压力计。

(5) 查看该仪器检定证书出具的精度是否符合设计要求。

(6) 查看该仪器检定证书是否在有效日期内。

21. 电子压力计的测前检查及设置

准备工作：

（1）正确穿戴劳动保护用品。

（2）工用具、材料准备：450mm 管钳 1 把，75mm 平口、十字螺丝刀各 1 把，压力专用扳手 2 把，压力计电池测压设备 1 套，压力回放仪或笔记本电脑 1 台，压力计 1 支，通信电缆 1 根，压力计专用密封圈 5 个，无酸润滑油 100g。

操作程序：

（1）检查电子压力计合格证、检验记录及检定合格证。

（2）检查压力计量程、直径及长度是否符合测试施工要求。

（3）检查电池电压、回放仪电压及通信电缆是否完好。

（4）检查压力计外观有无变形、伤痕，压力计各部螺纹是否紧固、密封完好。

（5）检查传压孔畅通有无污物、堵塞，加重杆、绳帽是否齐全完好。

（6）用通信电缆将压力计连接好；打开回放仪电源开关，输入井号，检查压力计和回放仪的数据连接功能。

（7）根据测试内容，设置时间表，关闭回放仪电源，拔下通信电缆。

（8）安装电池仪器进入工作状态后，上好电池短接，连接上加重杆、绳帽，用专用扳手紧固各连接部位，准备下井。

操作安全提示：

（1）上卸仪器时，必须用专用扳手，禁止用管钳上卸。

（2）操作时要轻拿轻放，禁止猛顿、猛放。

（3）连接数据线或放入电池时，一定要保证正确插接后，再上电池压帽。

（4）连接、取下数据线时，要在关机状态下进行。

22. 验封密封段的保养

准备工作：

（1）正确穿戴劳动保护用品。

（2）工用具、材料准备：600mm 管钳 2 把，75mm、100mm 平口螺丝刀各 1 把，精度 0.02mm、长度 200mm 游标卡尺一把，油盆 1 个，验封密封段 1 支，密封段皮碗若干，无铅汽油 500mL，细砂纸 2 张，黄油若干，棉纱若干。

操作程序：

（1）卸掉上接头，取出第一道皮碗、隔圈。

（2）卸掉中心管，取出第二道皮碗、隔圈。

（3）卸下定位爪销钉，取出定位爪及定位爪弹簧。

（4）卸下凸轮销钉，取下凸轮和弹簧。

（5）卸下顶杆限位螺钉，取出顶杆。

（6）清洗检查各部件，并涂润滑油，更换密封段皮碗。

（7）组装按相反操作进行，组装后用细砂纸将工具带出的毛刺打磨掉。

（8）检查试验凸轮、顶杆，定位爪收拢、释放动作是否灵活。

（9）测量、调整皮碗直径及定位爪张开、收拢的尺寸。

操作安全提示：

（1）检查凸轮动作是否翻转灵活，凸轮销钉是否上牢。

（2）调整后皮碗各个方向测量的直径，要在 46.1 ~ 46.3mm 之间。

（3）定位爪应灵活好用，收拢时，最大外径尺寸不大于 44mm，伸开时最大外径为 80 ~ 82mm。

（4）组装后密封段无毛刺碰伤、无腐蚀变形，钢体外径

不大于 45mm。

(5) 组装时要注意不能将凸轮装反，各部位螺钉要上紧。

23. 分层注水井验封的操作

准备工作：

(1) 正确穿戴劳动保护用品。

(2) 工用具、材料准备：450mm、600mm、900mm 管钳各 1 把，300mm、350mm 活动扳手各一把，200mm 手钳一把，150mm 平口螺丝刀 1 把，验封压力计 1 支，试井绞车 1 台，测试密封段 1 支，密封段密封胶圈若干，棉纱若干，笔 1 支，报表若干。

操作程序：

(1) 验封前检查：

①了解测试井井下管柱结构和深度，掌握测试井基本条件。

②检查验证井的井口设备是否齐全完好，不渗不漏，各阀门是否开关灵活。

③检查注水井流程是否正常，油套连通阀门（洗井阀门）一定要关严，记录油、套压及注入量。

④检查测试绞车离合、刹车及测深装置是否灵活好用，检查钢丝有无砂眼、死弯等，长度能否满足测试要求。

⑤检查调整验封专用测试密封段有无毛刺，皮碗有无破损、老化现象，过盈量是否符合技术要求，传压孔是否畅通，定位爪是否灵活好用，收拢时最大外径应不大于 44mm。

⑥检查验封压力计，外观是否完好，各部是否紧固，回放设备电源是否充足，与压力计通信是否正常。

(2) 根据井场地形及风向选择试井车停放位置，将测试绞车对准井口。

(3) 关测试阀门放空，卸堵头，安装测试防喷管及滑轮支架。

（4）连接仪器，自下而上依次为绳帽、加重杆、压力计（双压力计验封时使用）、验封密封段、定位器、压力计，并检查紧固各连接部位。

（5）将仪器装入防喷管内，上好堵头，关好放空阀门，将钢丝放入滑轮槽内，摇紧钢丝，转数表归零。

（6）缓慢打开测试阀门，将连接好的仪器平稳下过总阀门后匀速下放井筒内不大于100m/min，接近层位时下放速度不大于30m/min。

（7）当仪器下放到最下一级层段工作筒以下3~5m时，上提过层段3~5m，将定位爪释放开后，下放坐封于工作筒。

（8）在井口采用“开—关—开”或“关—开—关”，每个工作状态下停留3~5min，其中开井压力为正常注水压力。

（9）在正常注水及验封过程中每个操作过程结束，下一项操作过程开始前，分别录取井口注水压力及注水量。

（10）完成各层段验封后，以100m/min速度平稳上起至井150m时减速，距井口20m处停车，手摇将仪器起防喷管内，关闭测试阀门放空，卸掉堵头，出验封仪器回放资料。

（11）整理验封测试资料，填好验封报表，准备上报。

（12）倒正常注水流程，控制好注水压力及注水量，收拾工具、打扫卫生。

操作安全提示：

（1）施工前要制订安全措施及事故处理应急预案，准备好安全警示标识。

（2）开关阀门时要侧身操作，平稳缓慢，保证防喷管内压力升降平稳。

（3）测试阀门关闭后，未放空或放空不通不能卸堵头。

（4）传递仪器时要注意做好配合，并要有呼应。

（5）高空作业时，操作人员应穿戴好安全防护用具，并有专人监护。

（6）安装防喷管时，操作人员应配合好，防止发生防喷管倾倒伤人事故。

（7）大雾、大雨、大雪、六级以上大风或夜间时，不能进行测试。

（8）需要放空泄压时，要缓慢泄压。

24. 综合测试仪的测试前检查

准备工作：

（1）正确穿戴劳动保护用品。

（2）工用具、材料准备：综合测试仪专用工具一套，200mm 活动扳手 1 把，100mm 平口、十字螺丝刀各 1 把，500 型万用表 1 块，综合测试仪 1 台，大布若干。

操作程序：

（1）检查仪器主机及载荷位移传感器的电压是否正常，能否满足测试要求。

（2）检查综合测试仪操作面板是否完好，各操作键是否灵活有效。

（3）检查传输电缆、信号电缆及插头是否齐全完好。

（4）检查载荷位移传感器、电流传感器外观是否完好，部件是否齐全，螺丝是否紧固，有无变形损坏。

（5）检查位移拉线，拉出后能否自动回位、无发卡现象。

（6）检查液面发声装置是否齐全完好，各接头螺纹是否良好。

（7）检查击发机构是否良好，检查测试微音器。

（8）连接好信号线，打开电源，模拟输入井号、测试日期、套压等数据。

(9) 模拟动液面和示功图测试，检验仪器测试性能。

(10) 关机后拔下信号电缆，收拾工具，恢复原貌。

操作安全提示：

(1) 插接通信电缆时，要在关机下进行。

(2) 检查螺纹时要戴好手套，防止螺纹伤手。

(3) 检查电源时，应平稳操作，防止发生触电伤人。

25. 拆装保养气动井口连接器

准备工作：

(1) 正确穿戴劳动保护用品。

(2) 工用具、材料准备：300mm 活动扳手 1 把、150mm 平口螺丝刀 1 把、套筒扳手 1 套、气动井口连接器 1 套、黄油 500g、擦布若干。

操作程序：

(1) 用擦布清除井口连接器表面的油污。

(2) 卸井口连接器的连接头，检查螺纹是否有损坏。

(3) 把气仓气放净后，卸气仓压盖。

(4) 卸气仓内放压机构，把各部件擦洗干净。

(5) 卸下微音器室，取出微音器，用擦布清洁微音器压帽及微音器。

(6) 把各螺纹处打上适量黄油。

(7) 按相反顺序组装井口连接器。

操作安全提示：

(1) 卸井口连接器要注意安全，防止弹簧件弹出受到伤害。

(2) 卸气仓时把气放净，放空口冲下，防止伤人。

(3) 使用专用工具时要平稳操作，防止工具脱出伤人。

26. 使用综合测试仪测试示功图

准备工作：

(1) 正确穿戴劳动保护用品。

(2) 工用具、材料准备：450mm 管钳 1 把，试电笔 1 支，六棱扳手 1 套，加力杠 1 根，综合测试仪 1 台，载荷、位移传感器 1 台，方卡子 2 套，擦布若干。

操作程序：

(1) 用试电笔验电后，使抽油机驴头停在接近下死点以上约 10～20cm 位置处，刹好车。

(2) 打好方卡子，卸载后，顶开悬绳器上下压盘，顶开距离大于仪器压板厚度约 5mm。

(3) 操作者要站在井口一侧，将载荷、位移传感器平整装在两夹板中间，松刹车使传感器平稳受力，刹好车卸掉方卡子，打开传感器开关（或连接好信号电缆），拉下位移线固定在井口上。

(4) 松刹车启抽，待抽油机运转 5～10min 后，开始测试示功图。

(5) 打开仪器电源开关，输入井号、日期，按功图键进行示功图测试。

(6) 测试完毕后，停抽油机，刹好刹车，收回位移线，关闭传感器开关。

(7) 安装方卡子，卸载后取下载荷传感器，松刹车，加载后刹好车。

(8) 卸下方卡子，启动抽油机，听抽油机无异响后方可离开。

操作安全提示：

(1) 启停抽油机前一定要用试电笔验电，防止发生触电事故。

(2) 按启动开关时，眼睛不准看开关，以防有弧光伤害眼睛。

(3) 测试过程中，严禁面对驴头及悬绳器操作，以防仪器飞出伤人。

(4) 卸装方卡子时，手不准抓光杆，以防方卡子掉落伤人。

27. 使用综合测试仪测试动液面

准备工作：

(1) 正确穿戴劳动保护用品。

(2) 工用具、材料准备：600mm 管钳 1 把、100mm 平口螺丝刀 1 把、试电笔 1 支、专用钩扳手 1 把、综合测试仪 1 台、井口连接器 1 套、信号电缆 1 根。

操作程序：

(1) 关闭套管阀门，打开放空阀门，放空后卸下套管阀门堵头，把管线内死油冲净后，将气动井口连接器安装在测试短节上。

(2) 井口连接器安装好后，关闭连接器的放空阀。

(3) 缓慢打开套管阀门，使枪体充满套管气，确保井口连接器密闭后再打开套管阀门。

(4) 用信号电缆将井口连接器与测试仪连接。

(5) 打开测试仪电源，设置井号、测试日期，可根据套压值大小设置适当的增益值。

(6) 迅速拍击击发杆，产生高能量的次声波声源，在记录仪上，对反射波形进行确认，不满足质量要求，需要对增益值进行适当调整。

(7) 测出符合质量要求的液面曲线后，关闭套管阀门，打开放空阀门，放掉井口连接器中剩余的套管气，拆除连接信号电缆。

(8) 卸下井口连接器，安装好套管堵头。

操作安全提示：

（1）连接部位漏气严重，易发生中毒及火灾事故。

（2）操作人员不准正对着井口连接器的放气阀出气口、套管阀门中轴方向及套管口方向，以防伤人。

（3）对螺杆泵采油井，操作人员不应站在驱动飞轮的一侧。

（4）操作人员不准正对着井口连接器，以防飞出伤人。

（5）开关阀门时，要侧身操作。

28. 更换示功仪载荷传感器位移线

准备工作：

（1）正确穿戴劳动保护用品。

（2）工用具、材料准备：钟表螺丝刀1套，75mm、125mm十字和平口螺丝刀各1把，载荷传感器1台，位移线若干，擦布若干。

操作程序：

（1）卸下传感器外壳。

（2）卸下排线轮防跳槽压盖或防跳线装置。

（3）将剩余原位移拉线拉出至最根部，刹紧刹车，将位移拉线从排线轮孔眼处取出。

（4）用专用工具将排线轮发条上紧后松一圈，刹紧刹车。

（5）将新位移拉线从传感器底盘孔眼处穿入，经过刹车滑轮、滑动组块孔眼，最后穿入排线轮孔眼，打上死结。

（6）手握位移拉线松开刹车，缓慢平稳地将位移拉线拍到排线轮上，达到2/3即可。

（7）在传感器底盘另一头孔眼外侧拴系上拉环，安装防跳槽压盖或防跳线装置。

（8）安装传感器外壳，校对位移。

（9）将位移拉线拉出6m左右，反复检查几次，看有无发卡现象。

操作安全提示：

（1）使用工具时，平稳操作，以防脱手伤人。

（2）卸下的零件摆放整齐，防止掉落伤人。

（3）排线时手要尽量扶住排线轮或刹车，以免刹车突然松开，发条弹出伤人。

29. 典型示功图分析

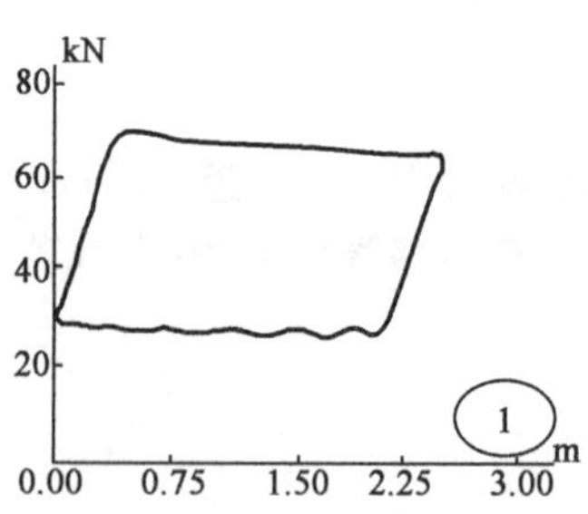

图形分析：功图与理论示功图差异不大，说明泵的沉没度大、供液充足、游动阀和固定阀能够及时开闭，泵效高，能够迅速加载和卸载。除了轻微振动引起一些微小波纹外，其他因素的影响不明显。

产生原因：正常示功图。

管理措施：井供液充足，沉没度大，仍有生产潜力，可以将机抽参数调整到最大，以求得最大产量，发挥井筒应有的产能水平。

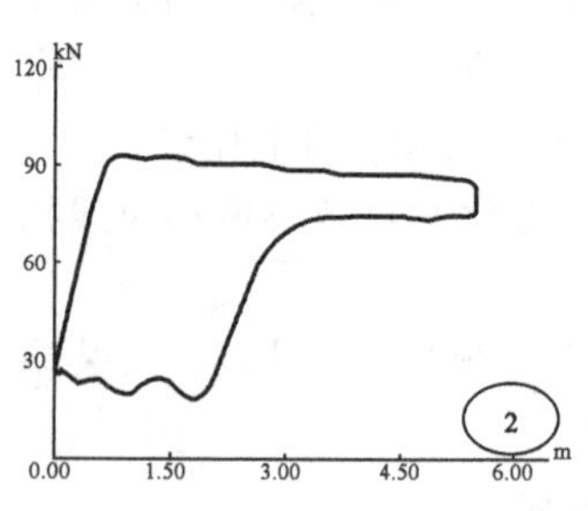

图形分析：功图卸载部分呈刀把状，是由于深井泵的工作制度不合理，油层供液能力低，上冲程时井液不能完全将工作筒充满，因而下冲程开始时，并不能及时卸载，只有当活塞撞击液面时才能卸载造成的。

产生原因：供液不足。

管理措施：间抽、调小参数、换小泵、加深泵挂、加强连通注水井的注入量。

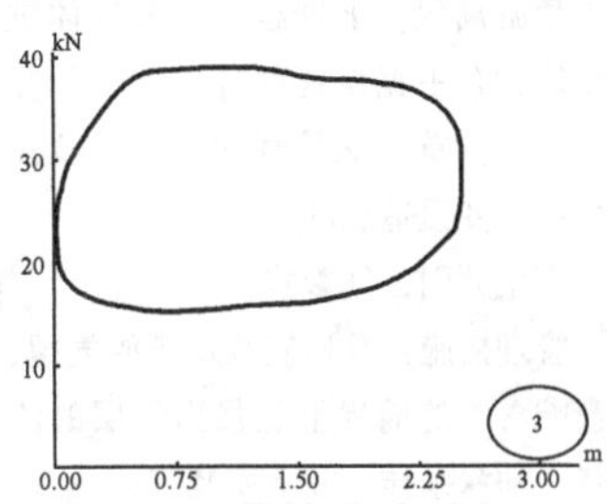

图形分析：功图图形肥大，四角呈圆形，是由于油稠，使摩擦等附加阻力变大，造成上负荷线偏高，下负荷线偏低。

产生原因：稠油影响。

管理措施：替入热液、调参、掺水降黏、掺轻油、加化学药剂降黏降稠、制订合理热洗周期；增大热洗温度。

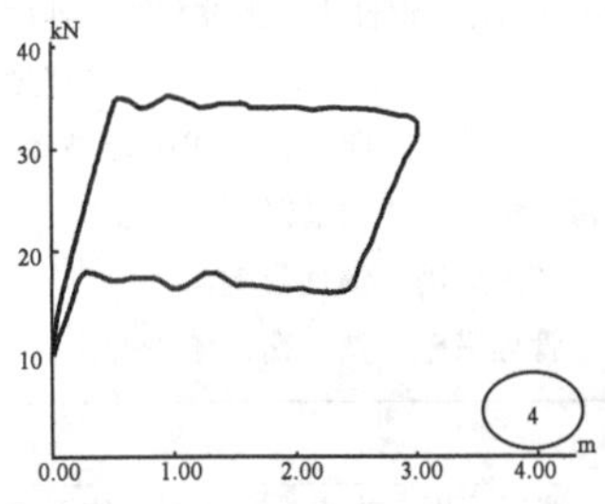

图形分析：功图左下角产生“撞击”尾巴。由于防冲距过小，下冲程活塞撞击固定阀产生撞击，振动负荷呈波状不规则变化。

产生原因：下碰。

管理措施：调防冲距。

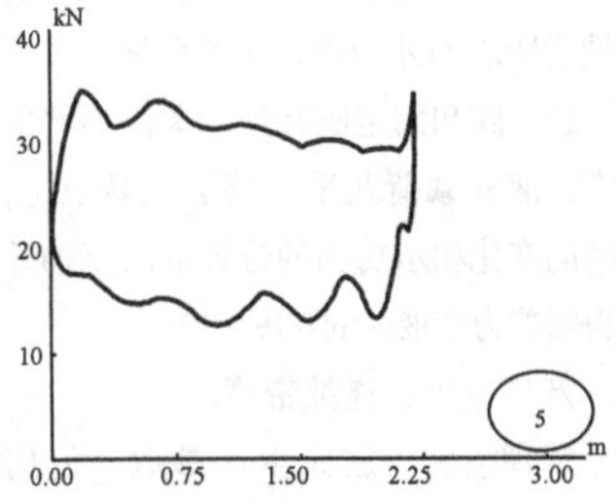

图形分析：图形在右上方有凸起，这是因为抽油杆长度不合适，使光杆下第一个接箍进入采油树，在井口刮碰所致。

产生原因：上碰。

管理措施：调防冲距、加长光杆、更换第一根抽油杆。

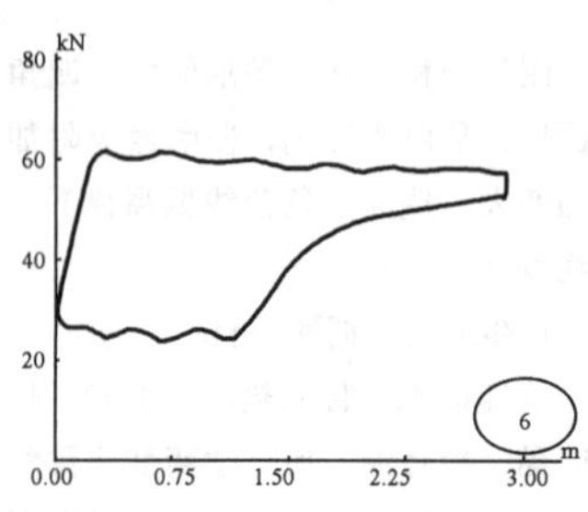

图形分析：功图在卸载线上产生向里凹的弯曲弧线，这是由于油井含有大量游离气，上冲程时部分气体进入泵筒，并占据泵筒部分空间，下冲程时，活塞首先压缩气体，使卸载过程变缓、变慢造成的。

产生原因：气影响。

管理措施：井口安装定压放气阀、不影响含水的前提下加强出气层的注入量、加深泵挂、井下安装气锚。

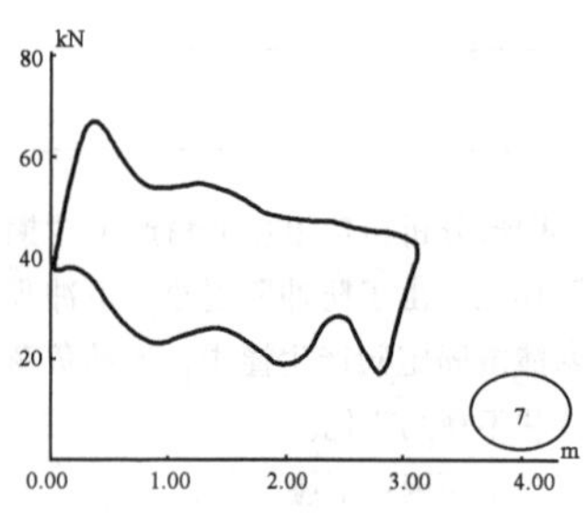

图形分析：功图呈倾斜四边形，是由于抽油机冲次过快，使抽油杆柱受到较大的惯性，惯性力在上冲程时加速度由大变小，方向向上，下冲程时加速度由小变大，方向向下，造成图形波动、偏转，冲次增加，偏转角度加大。

产生原因：惯性影响。

管理措施：调平衡，减少冲次。

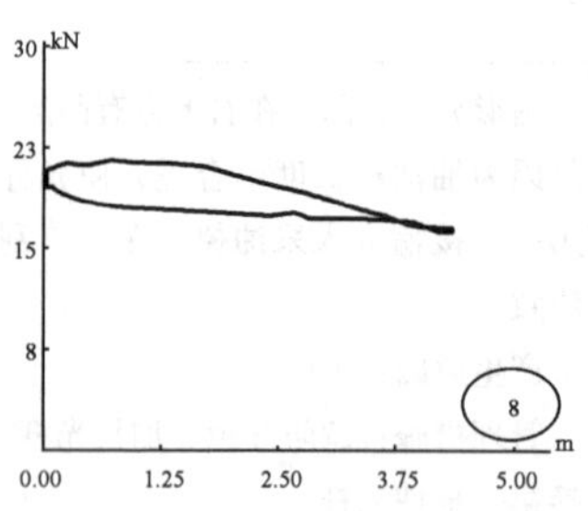

图形分析：功图成窄条形，位于最大理论负荷线附近。由于油井能量较高，转抽后造成油井抽喷，在整个抽汲过程中，游动阀和固定阀都处于关闭不严的状态，液柱载荷几乎不能加到悬点上，载荷的变化和示功图的位置取决于油井的自喷能力和液体的黏度。

产生原因：连抽带喷。

管理措施：放大生产参数、使用电泵生产。

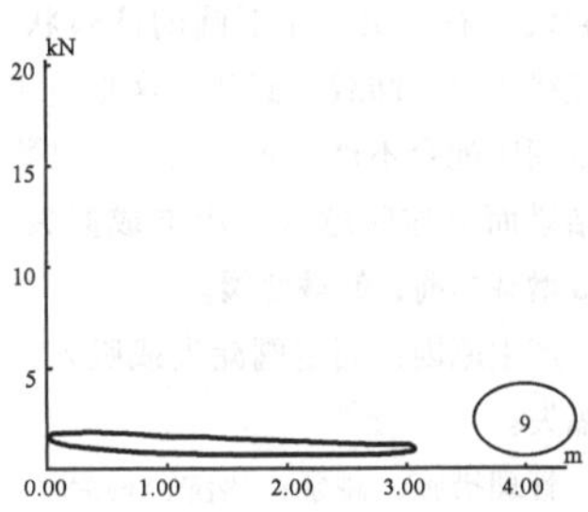

图形分析：示功图呈水平窄条形，位于最小理论值附近靠向基线位置。由于抽油杆出现弹性疲劳，深井泵遇卡，使抽油杆柱超过拉伸屈服极限而断裂，悬点负荷只有抽油杆在液体中的重量，上下冲程为不能加载、卸载；断脱位置越接近井口，图形越接近基线。

产生原因：抽油杆断脱。

管理措施：打捞光杆，近井口处采油队打捞，远井口处作业打捞。

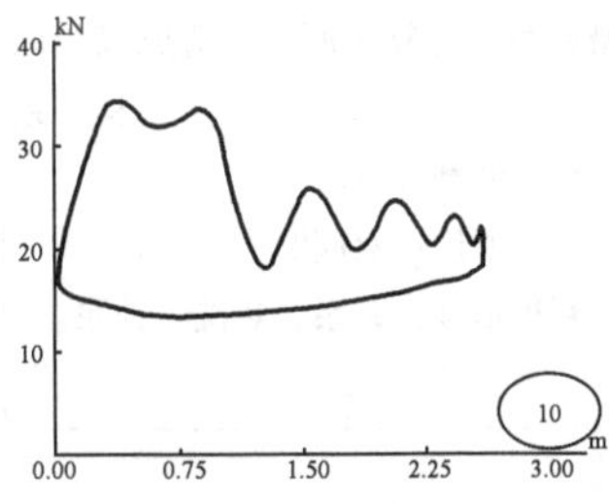

图形分析：功图卸载线出现不规则波状曲线，形如倒置“菜刀”，这是由于防冲距过大或光杆冲程过大造成的，上行时活塞部分或全部脱出工作筒，载荷突然下降，油杆剧烈跳动。

产生原因：活塞脱出工作筒。

管理措施：检泵、调防冲距

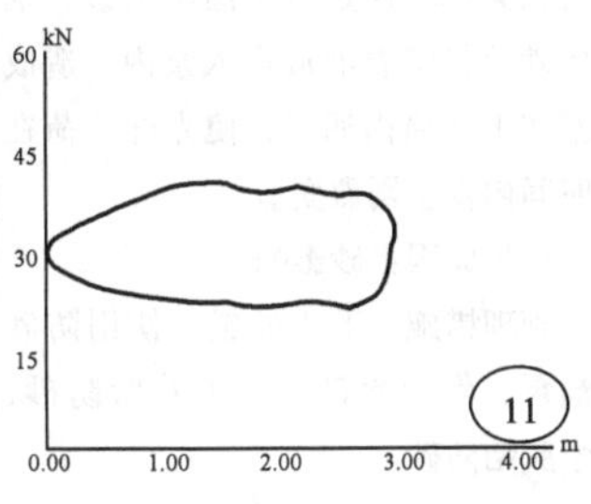

图形分析：在功图上部缺失，增载线呈左下尖、右上圆的圆弧形状。由于游动阀磨损、阀上有蜡等脏物，衬套和泵间隙过大等原因造成漏失引起加载变缓。漏失量越大，增载线倾角越小。

产生原因：游动阀漏失或排出部分漏失。

管理措施：碰泵、热洗、检泵。

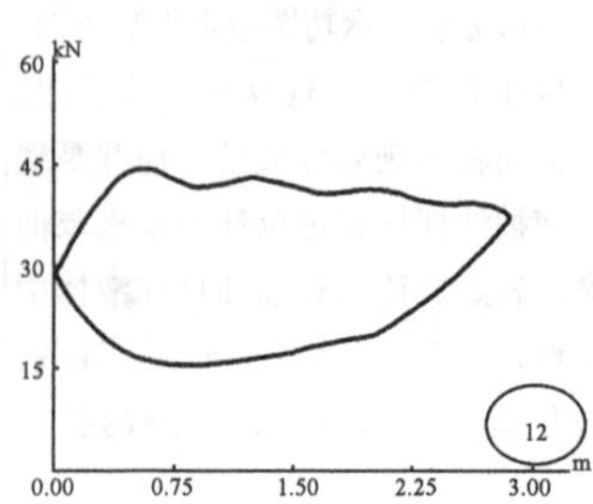

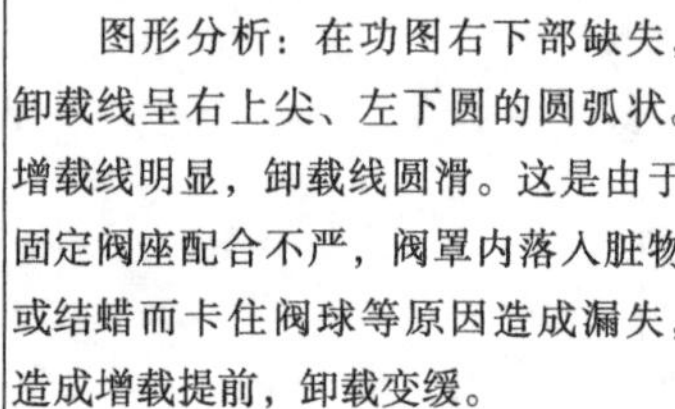

图形分析：在功图右下部缺失，卸载线呈右上尖、左下圆的圆弧状。增载线明显，卸载线圆滑。这是由于固定阀座配合不严，阀罩内落入脏物或结蜡而卡住阀球等原因造成漏失，造成增载提前，卸载变缓。

产生原因：固定阀漏失或吸入部分漏失。

管理措施：碰泵；热洗；检泵。

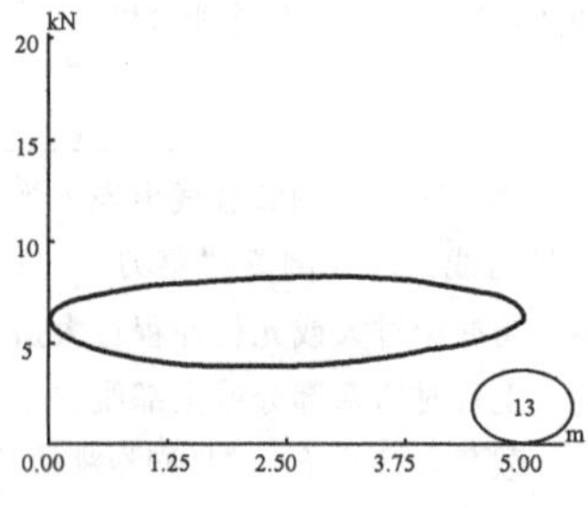

图形分析：功图呈椭圆形。由于砂蜡和磨损等复杂原因，造成双阀同时漏失，延缓了增载、卸载过程，致使增载、卸载部分缺失。

产生原因：双阀漏失。

管理措施：碰泵、热洗、检泵。

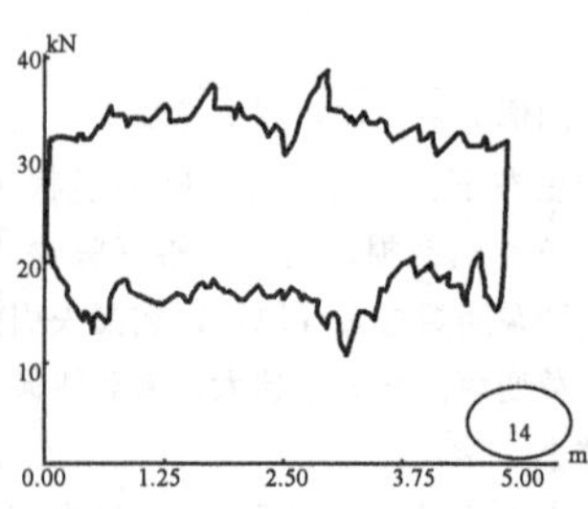

图形分析：功图上产生不规则的锯齿状尖峰。这是由于油层出砂，细小的砂粒将随着油流进入泵内，造成活塞在工作筒内遇卡，使光杆负荷在短时间内发生剧烈变形。

产生原因：砂影响。

管理措施：下入砂锚、使用防砂抽油泵、作业除砂、人工井壁防砂、化学胶结防砂。

30. 液面资料分析及计算

1）液面资料分析

（1）图形分析：测试液面时有干扰波，无法分辨出液面波位置。

产生原因：①仪器本身问题；②井筒不干净。

处理方法：①重新标定回声仪；②热洗井稳定后，重测。

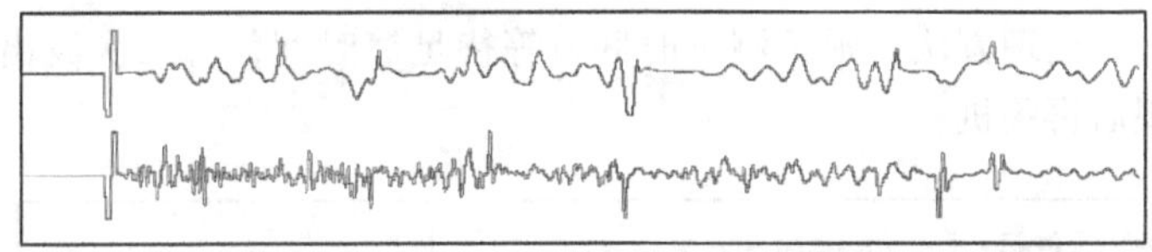

（2）图形分析：测试液操作时有自激现象出现。

产生原因：①井口震动或有漏气现象；②灵敏度调节不当；③仪器性能不稳定。

处理方法：①调整、紧固；②调整灵敏度；③检修、标定回音仪。

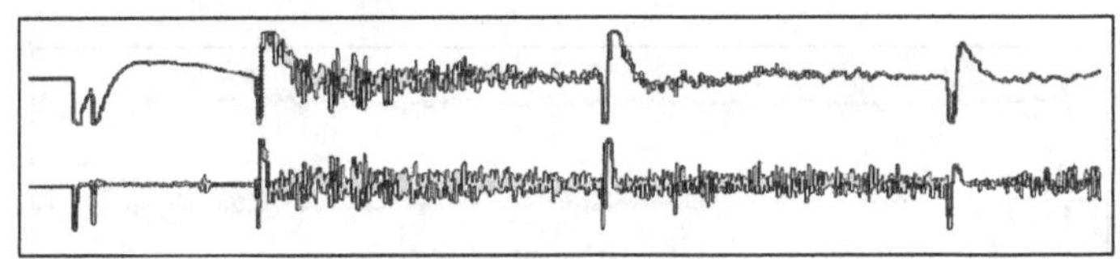

（3）图形分析：井口波严重脱挡。

产生原因：①灵敏度挡位调节过大；②套管阀门没开到位。

处理方法：①降低灵敏度挡位重测；②重新打开套管阀门。

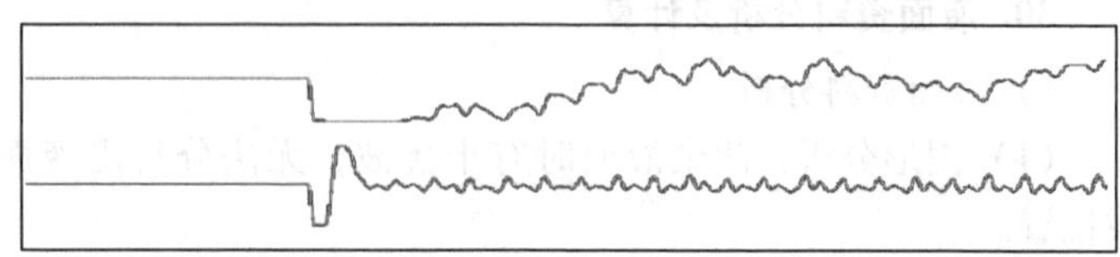

（4）图形分析：液面曲线长度不足，未测出二次波。

产生原因：测试等待时间短，未测到反射波，关机过早造成。

处理方法：延长测试时间，等待足够时间，待二次波出现后再关机。

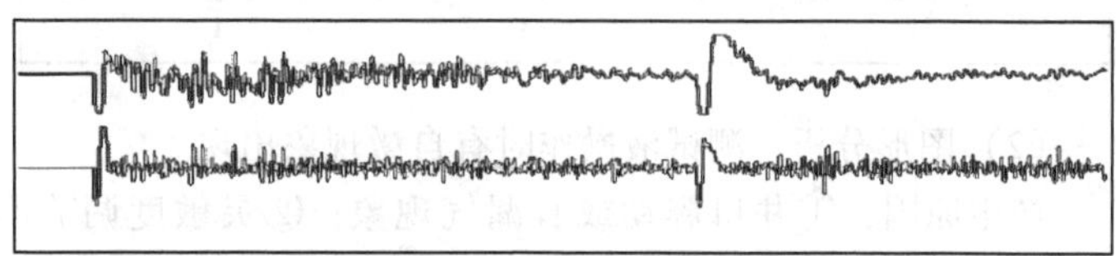

（5）图形分析：液面曲线上未测出液面波。

产生原因：灵敏度挡位调节过低。

处理方法：调大灵敏度，重新测试。

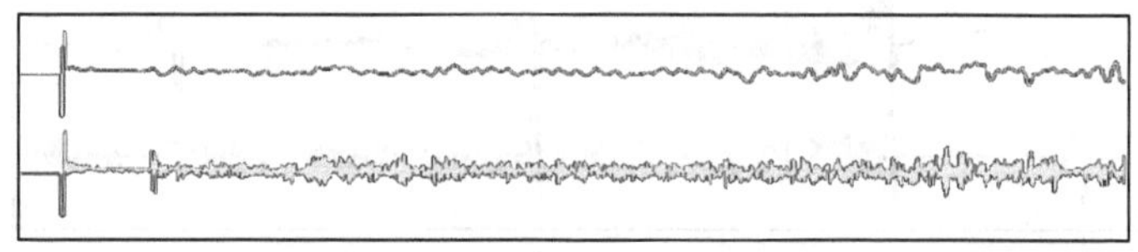

（6）图形分析：液面曲线只有井口波，其余部分均为直线。

产生原因：①套压太低（小于0.2MPa）或无套管气；②没有传送介质，声音无法在井筒内传播。

处理方法：①在井口连接器后接头安装氮气瓶或待套压

升高后再测；②采取关闭油套、连通憋高套压发的方法重新进行测试。

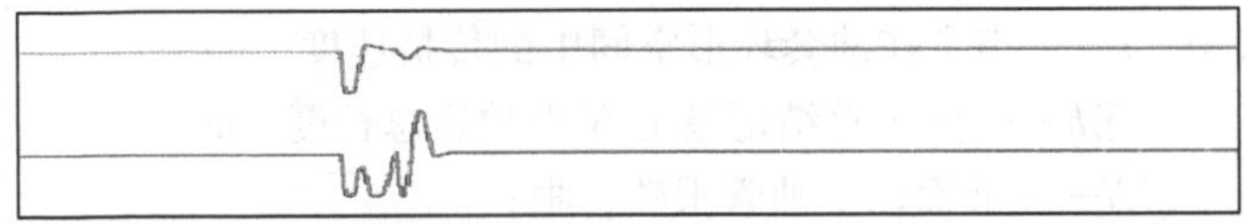

2）液面资料计算

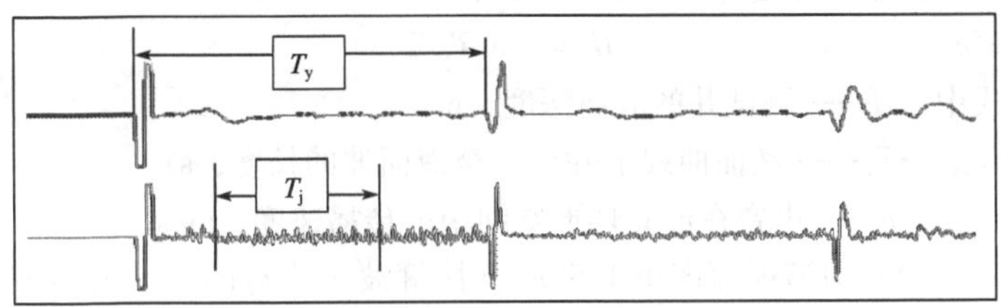

（1）对油管接箍波较清晰的井，液面深度计算步骤如下：

①油管接箍波的平均反射接收时间按下式计算：

$$t = T_j / n$$

式中 t——油管接箍波平均反射接收时间，s；

T_j——油管接箍波曲线上选择的油管接箍波较清晰一段曲线的长度，通常取大于5个接箍波长度，s；

n——在油管接箍波曲线上选用的一段曲线内接箍波的个数，个。

②液面以上油管根数的估算按下式计算：

$$N = T_y / t$$

式中 N——液面以上油管根数，根（通常取10的整数倍数值）；

T_y——液面曲线上井口波至液面波的长度，s。

③音速按下式计算：

$$v = 2 \times \sum h/(N \times t)$$

式中 v——声音在油套环形空间中的传播速度，m/s；

$\sum h$——施工总结记录上 N 根油管总长度，m；

N——液面以上油管根数，根；

t——油管接箍波平均反射接收时间，s。

④液面深度计算按下式计算：

$$H = v \times T_y/2$$

式中 H——测试井的液面深度，m；

T_y——液面曲线上井口波至液面波的长度，s；

v——声音在油套环形空间中的传播速度，m/s。

（2）对液面深度小于50m且接箍波不明显的井，可用该井所在地区平均音速或套压与音速的关系曲线计算出测试井的音速，按下式计算液面深度：

$$H = \bar{v} \times T_y/2$$

式中 $\bar{v}$——测试井区域内的平均声速或根据套压—音速关系曲线计算出的本井音速，m/s；

T_y——液面曲线上井口波至液面波的长度，s。

31. 启停抽油机操作

准备工作：

（1）正确穿戴劳动保护用品。

（2）工用具、材料准备：试电笔1支、抽油机井1口、绝缘手套1副、细纱布若干、报表1张、笔1支。

操作程序：

（1）操作前的检查：

①检查抽油机各连接部位是否牢固可靠，刹车是否完好

灵活，皮带有无损伤，松紧是否合适。

②检查刹车是否完整、灵活、可靠，有无自锁现象。

③检查井口设备是否完好，防喷盒密封填料、井口阀门有无渗漏。

④井口生产流程是否正常，出油管线是否畅通。

(2) 戴绝缘手套用试电笔对配电箱进行验电后打开配电箱，确认电路设备是否完好。

(3) 松开刹车，对于新井或长停井，重新开抽前，应人工盘动皮带观察是否有卡的现象。

(4) 合空气开关，点按启动按钮，让曲柄摆动，如连续3~4次仍不能启动时应停车检查。

(5) 当曲柄摆动方向与抽油机运转方向一致时，再按下启动按钮，顺势启动抽油机。

(6) 待电动机运转正常后，将手柄推至运行位置；检查抽油机各部运转是否正常，是否有异响。

停抽油机：

(1) 验电后，按停止电钮，让电动机停止工作。

(2) 刹紧刹车，分开空气开关，将自启开关扳到关的位置。

(3) 根据油井情况，让驴头停在适当位置。

(4) 一般驴头停在上冲程的1/2~2/3处，曲柄停在右上方（井口在左前方时），以便开抽时容易启动。

(5) 对于出砂井，驴头停在上死点，气油比高、结蜡严重的井及稠油井，停在下死点。

操作安全提示：

(1) 打开配电箱前一定要先验电，确认安全后方可操作。

(2) 操作时，戴绝缘手套，女同志的辫子要压在帽子里，并侧身操作。

(3) 停机时，需检查控制箱内有无自启开关。如开关在自动位置，应将开关扳向手动。

(4) 停机后，一定要拉紧刹车，将空气开关分离开。

根据测试内容和本井情况，让驴头停在适当位置。

(5) 启动时，曲柄摆动方向和抽油机转动方向必须一致，否则禁止启动。

(6) 按启动电钮，连续启动 3 ~ 4 次不成功时，应停机检查。

(7) 启动时，抽油机附近严禁站人，特别是曲柄旋转处。

(8) 盘动皮带时禁止用手抓皮带。

32. 抽油机井开井操作

准备工作：

(1) 正确穿戴劳动保护用品。

(2) 工用具、材料准备：600mm 管钳 1 把，“F” 形扳手 1 把，200mm 活动扳手一把，试电笔 1 支，抽油机井 1 口，井口装置为 CY250 型采油树，关井状态为测静压流程，纸、笔若干。

操作程序：

(1) 操作前的检查：

①检查油、水井井口设备，不渗不漏。

②检查地面流程状态，是开还是关。

③检查井口各个阀门，是否齐全完好、开关灵活。

④检查抽油机刹车是否灵活，皮带是否完好，安装是否适合。

(2) 首先用试电笔对抽油机配电箱进行验电。

(3) 联系并确认计量间流程是否已倒到正常生产流程，

记录好此时关井状态油套压值。

（4）用"F"形扳手平稳打开生产阀门，听出油声音，观察压力变化，此时井口油压表指针有明显变化。

（5）检查并上紧套管测试堵头，注意观察是否有漏失现象，缓慢打开测试套管阀门，待套压表基本稳定后开大。

（6）把密封盒松半扣左右，启动抽油机：松刹车，合空气开关，点启一次抽油机，待曲柄运动方向与正常运转方向一致时，再次按启动按钮，启动抽油机。

（7）检查井口流程，在确认无误时，再检查抽油机运转状态并调整光杆密封圈松紧。

操作安全提示：

（1）操作前必须用试电笔对设备进行验电。

（2）开井前一定要与采油工联系、沟通，保证计量间内流程符合开井要求。

（3）若抽油机因故不能及时启抽，要通知采油队处理。

（4）使用"F"形扳手或管钳开阀门时，注意开口向外。

33. 万用表的使用

准备工作：

（1）正确穿戴劳动保护用品。

（2）工用具、材料准备：75mm 螺丝刀 1 把、MF500 型万用笔 1 块、不同阻值的电阻 3 只、电池 1 块、交流电源 1 台。

操作程序：

（1）检查万用表校验合格证书，对万用表机械调零。正确选择红、黑颜色表笔插入测试孔。

（2）测量电阻：将挡位开关置于"Ω"挡，将量程开关置于相应范围内，将两表笔短接，进行"Ω调零"，然后将被测电阻接在两表笔之间。表盘上的读数乘以量程开关的倍数即所测电阻值。

（3）测直流电流：将挡位开关置于“mA”，将量程开关置于相应范围内，然后按电流从正到负的方向将万用表串接到被测电路中，在直流电流刻度下读出数值。

（4）测直流电压：将挡位开关置于“V”，将量程开关置于相应范围内，将两表笔按正负极并联到被测电路两端，在直流电压刻度下读数。

（5）测交流电压：将挡位开关置于“V”，将量程开关置于相应范围内，将表笔置于被测电压两端，在交流电压刻度盘读数。

（6）测后恢复，万用表恢复到安全挡位，测后收表笔线。

操作安全提示：

（1）测量直流电压时，必须注意极性，不能用直流挡测交流。

（2）测量时应正确连接正负极，以免表针反向偏转，损坏表头。

（3）测量时应用手握住测试笔杆，不应用手接触测试笔尖和被测元件。

（4）测量电压时，尤其是高压时应注意安全，最好一只手将表笔固定，另一只手拿表笔触及测试点。

34. 兆欧表的使用

准备工作：

（1）正确穿戴劳动保护用品。

（2）工用具、材料准备：200mm 活动扳手 1 把，75mm 平口、十字螺丝刀各 1 把，兆欧表 1 只，被测设备 1 台，擦布、砂纸若干块。

操作程序：

（1）检查兆欧表校验合格证书，检查兆欧表外观是否正常，将兆欧表水平放置，L 和 E 两接线桩分别接入红、黑两表笔。

（2）对兆欧表进行短路验表和开路验表。将 L 和 E 接线两表笔处于开路状态，摇动手柄速度为 120r/min，表针指示"∞"，表明所进行的开路验表合格；使 L 和 E 接线两表笔短接，慢慢摇动手柄，指针迅速指零，表明所进行的短路验表合格。

（3）检查被测电气设备，其接线应与电源彻底切断，绝对不允许设备和线路带电时用兆欧表去测量。

（4）测量前，应对设备和线路先行放电，以免设备或线路的电容放电，危及人身安全和损坏兆欧表，测量时将被测试点擦拭干净。

（5）接线正确无误，兆欧表有三个接线桩，"E"（接地）、"L"（线路）和"G"（保护环或叫屏蔽端子）。

（6）摇动手柄的转速要均匀，转速为 120r/min，通常摇动 1min 待指针稳定后进行读数。测量中若指针指零，应立即停止摇动手柄。

（7）测完后先拆去接线，再停止摇动。

（8）测量完毕，应对被测设备进行充分放电，兆欧表未停止转动以前，切勿用手去触及设备的测量部分或兆欧表接线桩。拆线时也不可直接去触及引线的裸露部分。

操作安全提示：

（1）测量前，被测设备必须与其他电源断开，测量完毕一定要将被测设备充分放电，以保护设备及人身安全。

（2）兆欧表与被测设备之间应使用单股线分开单独连接，并保持线路表面清洁干燥，避免因线与线之间绝缘不良引起误差。注意在摇动手柄时，不得让 L 和 E 短接时间过长，否则将损坏兆欧表。

(3) 摇动手柄时，应由慢渐快，均匀加速到 120r/min，并注意防止触电。

(4) 为了防止被测设备表面泄漏电阻，使用兆欧表时，应将被测设备的中间层（如电缆壳芯之间的内层绝缘物）接于保护环。

(5) 禁止在雷电时或附近有高压导体的设备上测量绝缘电阻，只有在设备不带电又不可能受其他电源感应而带电的情况下才可测量。

35. 注水井测试时的开、关井操作

准备工作：

(1) 正确穿戴劳动保护用品。

(2) 工用具、材料准备：600mm 管钳 1 把、“F”形扳手 1 把、瞬时水表或秒表 1 块、注水井 1 口、笔 1 支、纸若干。

操作程序：

(1) 检查生产阀门、总阀门、套管阀门、油管放空阀门、套管放空阀门是否灵活好用。

(2) 关生产阀门、关总阀门、开油管放空阀门。

(3) 卸开丝堵，安装防喷装置。

(4) 在安装完井口防喷装置后，关油管放空阀门，缓慢打开总阀门，待油管压力与防喷装置压力平衡时，将阀门全打开，再打开生产阀门；控制好注水量及注水压力，准备测试。

(5) 测试完毕后，关生产阀门、关总阀门、开油管放空阀门。

(6) 卸防喷装置，上丝堵，关油管放空阀门、开总阀门、

开生产阀门。

（7）按配注牌要求，控制好注水压力及注水量。

（8）收拾工具，清理现场，通知采油工测试完成。

操作安全提示：

（1）开关阀门时，要侧身操作、缓慢打开。

（2）“F”形扳手开口朝外，咬住阀门手轮，扳动扳手手柄。

（3）冬季关井要防止管线、冻结。

36. 压力表的检查及安装操作

准备工作：

（1）正确穿戴劳动保护用品。

（2）工用具、材料准备：250mm、300mm 活动扳手各 1 把，通针 1 根，钢锯条 1 根，钢丝钩 1 根，各个量程压力表各 1 块，生料带 1 卷，棉纱 500g。

操作程序：

（1）根据使用条件选择量程合适的压力表。

（2）检查压力表的检验日期、合格证、铅封是否完好，量程线是否合适。

（3）检查压力表各螺钉是否紧固，螺纹是否完好，传压孔有无堵塞。

（4）轻敲压力表，指针归零位，摆动正常。

（5）关闭压力表控制阀门，用扳手卸松，并取下压力表。

（6）清理阀门内脏物，用通针疏通上下孔。

（7）将所选择压力表顺时针缠生料带，安装压力表，并将压力表位置摆正。

（8）缓慢打开控制阀门进行试压，检查渗漏。

（9）确认无渗漏后，开大控制阀门，观察、读取压力值。

操作安全提示：

（1）安装前认真检查压力表螺纹，并使用压力表接头。

（2）开关压力表控阀门时要侧身、缓慢操作。

（3）安装前要确保压力表接头及压力表的传压孔畅通无堵塞。

（4）拆卸、安装压力表时禁止用手搬动表头。

二、常见故障判断与分析

1. 注水井水表的故障有什么现象？故障原因有哪些？如何处理？

故障现象：

（1）注水井正常注水时水表不转。

（2）测试水量与水表水量不符。

故障原因：

（1）注水井水质脏，造成水表叶轮被脏物卡死；水表叶轮损坏；注水井水表表头卡死。

（2）水表没有密封圈；水表密封圈损坏或水表计量不准确；水表叶轮损坏。

处理方法：

（1）卸下水表，清出水表内的脏物；冲洗注水干线；更换注水井水表表头；更换水表。

（2）检查更换水表密封圈；重新校验水表。

2. 注水井取压装置的故障有什么现象？故障原因有哪些？如何处理？

故障现象：

（1）取压阀门打不开。

(2) 取压阀门打开后压力表不起压力。

(3) 取压阀门漏。

故障原因：

(1) 取压阀门长时间关闭，阀门腐蚀或者严重结垢，造成取压阀门打不开。

(2) 取压阀门被脏物堵死，造成取压阀门打开后压力表没有压力显示。

(3) 取压阀门内的密封件破损。

处理方法：

(1) 用柴油浸泡后，使用力矩较大的工具进行旋转将其打开。

(2) 关井卸压后，卸下取压阀门，用通针把取压阀门的进压孔通开。

(3) 关井卸压后，更换取压阀门。

3. 压力表的故障有什么现象？故障原因有哪些？如何处理？

故障现象：

(1) 卸下压力表后，压力表不归零。

(2) 安装压力表后，打开取压阀门，压力表不起压力。

(3) 压力表与流量计测取的压力误差大。

(4) 测试过程中压力表示值与井下流量计所测压力有误差，差值不定。

故障原因：

(1) 压力表受碰撞致使压力表不归零；冬天压力表没有防冻装置，压力表冰冻造成不归零。

(2) 压力表传压孔堵塞，造成压力表不起压力。

(3) 压力表没有校检，造成压力表的误差大。

(4) 使用中操作不当、有振动造成表盘松动；压力表固定螺丝松动；压力表内的游丝损坏。

处理方法：

(1) 重新校正压力表；冬天一定要给压力表采取防冻措施。

(2) 用通针清理传压孔。

(3) 定期校检压力表。

(4) 紧固表盘和压力表的螺丝，更换压力表游丝，重新校验。

4. 注水井阀门的故障有什么现象？故障原因有哪些？如何处理？

故障现象：

(1) 阀门开关不动。

(2) 阀门打开后，注水井不注水。

(3) 铜套子及丝杠窜出。

(4) 阀门关不严。

故障原因：

(1) 阀门长时间未加注润滑油，阀门轴承缺油，至使阀门锈死。

(2) 阀门闸板与丝杠脱离。

(3) 操作不当或铜套子质量问题；固定铜套子的压盖脱扣。

(4) 闸板和闸板槽结合不严；闸板槽有杂质造成闸板关闭不严；闸板及闸板槽损坏。

处理方法：

(1) 阀门加注润滑油，后慢慢活动。

(2) 关井、放空，卸下阀门压盖，重新安装好阀门闸板。

（3）更换新的铜套子和压盖。

（4）关井、放空，清除闸板槽内的杂质；更换阀门。

5. 注水井油压升高的故障有什么现象？故障原因有哪些？如何处理？

故障现象：

（1）注水井注入或测试过程中，井口油压表压力值或井下流量计测得压力突然升高。

（2）测试过程中，泵压没有变化，井下流量计压力突然升高，所测流量反而下降。

故障原因：

（1）泵压升高或下流阀门跳闸，造成油压升高。

（2）注入水质不合格，管柱结垢，造成水嘴堵、滤网堵或射孔孔眼堵塞；地层堵塞或吸水能力下降。

处理方法：

（1）合理控制好注水压力和注水量。

（2）反洗井解堵，严格把好注入水质关；如不行则采取酸化、压裂等增注措施。

6. 注水井油压下降的故障有什么现象？故障原因有哪些？如何处理？

故障现象：

（1）注水井测试过程中，井口油压表示值或流量计测得压力突然下降较多。

（2）注水井注水压力下降，而注水量反而增加。

故障原因：

（1）地面因素：地面管线漏。

（2）井下因素：封隔器失效；管外水泥串槽；底部单流

阀密封不严；水嘴脱落或刺大；油管漏失等。

（3）地层因素：采取增注措施后，油层吸水能力增强。

处理方法：

（1）及时封堵管线漏失。

（2）更换合适的水嘴；进行洗井处理；重新释放封隔器；进行作业处理。

（3）重新调配，合理控制好注水压力和注水量。

7. 注水井挡球漏失的故障有什么现象？故障原因有哪些？如何处理？

故障现象：

注水量上升、压力下降，用井下流量计在接近挡球附近能测出流量。

故障原因：

（1）有泥沙或死油，使挡球坐不严。

（2）挡球磨损，使挡球表面不光滑。

（3）挡球座损坏。

处理方法：

（1）进行大排量洗井。

（2）洗井没有效果，交作业队解决。

8. 电子压力计常见故障有什么现象？故障原因有哪些？如何处理？

故障现象：

（1）卸开仪器后，仪器内有水珠。

（2）所测压力卡片不完整或仪器未采点。

（3）所测压力不准或压力台阶异常。

（4）回放仪与压力计不能通信。

故障原因：

(1) 密封圈损坏。

(2) 电池没有电或电池电量不足。

(3) 电子压力计有故障或损坏，电子压力计的传感器有故障。

(4) 回放仪有故障，电子压力计通信口或通信线有故障。

处理方法：

(1) 更换压力计密封圈。

(2) 测压前应给回放仪及压力计的电池充足电。

(3) 更换或维修电子压力计的传感器，定期校检电子压力计。

(4) 维修或更换回放仪及通信线，并定期检查电子压力计的通信口。

9. 捞不到偏心堵塞器的故障有什么现象？故障原因有哪些？如何处理？

故障现象：

打捞偏心堵塞器时，仪器坐入工作筒，上提投捞器，指重装置负荷没有明显变化，井口压力水量无变化，仪器起出后未捞到偏心堵塞器。

故障原因：

(1) 投捞器投捞爪角度不合适。

(2) 工作筒内腐蚀严重，偏心堵塞器上部有铁锈、泥沙等脏物，使投捞爪抓不住堵塞器打捞头；工作筒质量有问题，导向体开口槽与偏心孔不同心。

(4) 偏心堵塞器的打捞杆弯曲。

(5) 所捞层无堵塞器。

处理方法：

（1）调整投捞器投捞爪角度，使之合适。

（2）大排量洗井后，再进行打捞；修井作业解决，并加强工具下井前的检查。

（3）更换合格的打捞头。

（4）用专用打捞头进行打捞。

（5）打印铅膜，验证工作筒内是否有偏心堵塞器。

10. 偏心堵塞器捞到但拔不动的故障有什么现象？故障原因有哪些？如何处理？

故障现象：

投捞器坐入工作筒，上提投捞器时，指重器负荷急剧增加，不能上提，卡于工作筒内。

故障原因：

（1）偏心堵塞器O形密封圈过盈量太大，使仪器卡住；偏心堵塞器在井下时间过长，造成腐蚀生锈，与偏心孔成为一体；偏心堵塞器凸轮失灵。

（2）偏心孔内有泥沙等杂物，将堵塞器卡死；偏心堵塞器或偏心孔加工不规则，有毛刺变形等质量问题。

处理方法：

（1）对于捞住后拔不出来的故障，可采用手摇绞车活动钢丝反复振荡的办法来处理，也可采用反洗井的办法，但时间不要过长，一般不超过10min；如采用以上办法仍不能将偏心堵塞器捞出或使投捞器脱卡，可将钢丝在投捞器绳帽处拔断，改用较粗的钢丝或钢丝绳下入打捞器进行打捞。

（2）如采用以上办法仍然不能有效，将采取作业的办法来解决。

11. 偏心堵塞器投不进去的故障有什么现象？故障原因有哪些？如何处理？

故障现象：

投送偏心堵塞器时，仪器坐入工作筒，地面压力、水量没有变化，上提仪器时，负荷变化不明显，起出仪器，偏心堵塞器未投送成功或掉入投捞器防落袋内。

故障原因：

（1）偏心堵塞器 O 形密封圈过盈量太大；偏心堵塞器加工不规则。

（2）偏心孔内有泥沙、铁锈等脏物；偏心工作筒内有堵塞器；偏心工作筒加工不规则。

（3）投捞器投捞爪角度不合适或投捞爪弹簧太软。

（4）下放过快或操作不平稳，中途碰掉。

处理方法：

（1）调整堵塞器 O 形密封圈过盈量的大小，使之合适。

（2）大排量洗井后重新投堵塞器；打印铅膜验证后，将原有的堵塞器捞出；最后采用作业的办法来解决。

（3）调整投捞器投捞爪的角度，更换投捞爪的弹簧。

（4）下放速度不要过快，操作要平稳。

12. 测试时超声波流量计的故障有什么现象？故障原因有哪些？如何处理？

故障现象：

（1）回放测试卡片，只测出压力而未测出流量。

（2）回放测试卡片，只有流量台阶而未测出压力。

（3）回放测试卡片，测试资料未测完全。

（4）井下流量计测试数据异常。

故障原因：

(1) 流量探头损坏。

(2) 压力传感器损坏。

(3) 测试过程中电池没电。

(4) 流量计停测位置不合适。

(5) 测试过程因操作不当造成流量计损坏。

处理方法：

(1) 检查更换流量探头。

(2) 检查更换压力传感器。

(3) 测试之前将电池电充足；下放或上提时一定平稳，避免仪器损坏。

(4) 每次停测，一定要将仪器起至距工作筒以上3~5m处。

(5) 测试过程中，仪器起下要平稳。

13. 回放流量计测试数据时的故障有什么现象？故障原因有哪些？如何处理？

故障现象：

(1) 数据回放不出来。

(2) 打开电源回放仪没有显示。

(3) 回放仪打印机不工作。

(4) 打印测试卡片时，打印纸不能自动卷出，或打印一部分就停止。

故障原因：

(1) 通信电缆有故障；通信电缆与回放仪通信口接触不良，测试仪器有故障。

(2) 回放仪电池没有电，回放仪电源开关失灵。

(3) 打印机有故障或电池电量过低打印机无法工作。

（4）打印机驱纸机构有故障，或打印纸卡死。

处理方法：

（1）维修或更换通信电缆，检查回放仪通信口，如有故障应及时修理；排除仪器故障。

（2）回放仪有故障应及时排除，回放仪电池亏电，应及时充电。

（3）及时充电，检查维修或更换打印机。

（4）清洁、检查驱纸机构，重新安装打印纸。

14. 打捞钢丝时的故障有什么现象？故障原因有哪些？如何处理？

故障现象：

（1）仪器下井过程中，负荷突然变轻。

（2）打捞矛下井抓住钢丝后，上提遇阻或无法上提。

（3）打捞矛抓住钢丝上提一段距离后，负荷突然变轻。

故障原因：

（1）打捞前打捞工具未连接紧固或新钢丝未下井松扭力，造成打捞工具脱扣，掉入井内。

（2）打捞工具下放太深，造成井下钢丝成团，打捞工具从绳帽拔脱。

（3）捞住钢丝后未反复压钢丝，导致打捞矛的钩、齿未挂牢靠，上提时钢丝又掉入井内。

处理方法：

（1）打捞工具下井前要连接紧固，新钢丝一定要先下井松扭力。

（2）打捞钢丝前，要估算出钢丝大概位置，打捞工具下井一定要慢，要逐步加深。

（3）捞住钢丝后一定要反复压钢丝，让打捞工具抓紧钢丝。

(4) 下放、上提钢丝速度一定要慢。

(5) 上提时，操作人员一定要随时注意指重器的变化，负荷突然增加应立即停止上提。

15. 测试仪器掉入井内的故障有什么现象？故障原因有哪些？如何处理？

故障现象：

打捞落物过程中，工具遇卡，上提时钢丝拉断、打捞工具脱扣或在井口撞断造成测试工具、仪器掉入井内。

故障原因：

(1) 钢丝质量有问题，钢丝有砂眼，或长期磨损，有裂痕、硬伤痕；钢丝绳结没有打好，钢丝跳槽等原因造成钢丝断，致使打捞工具掉入井内。

(2) 转数表不转或跳字造成计量深度不准而撞击堵头，使打捞工具掉入井内。

(3) 仪器、工具的连接部位未上紧，造成打捞工具脱扣，而使打捞工具掉入井内或打捞工具焊接不牢固，落物卡得太死，抓住落物后钩被拉坏。

(4) 负荷过重，未安装地滑轮，造成滑轮或防喷管折断而将钢丝拉断。

处理方法：

(1) 定期检查钢丝质量，是否有砂眼或磨损；钢丝的绳结一定要打结实；起下钢丝一定要平稳，防止钢丝跳槽；调整滑轮与堵头，使之同心。

(2) 经常检查及维修转数表，如有故障及时维修或更换。

(3) 测试仪器、工具各连接部位一定要紧固，防止脱扣事故的发生。

（4）维修或更换合格的滑轮，防止因滑轮质量问题造成钢丝断，而使钢丝落入井内。

（5）如以上方法不能排除故障，则上报作业处理。

16. 卡瓦打捞筒打捞落物时的故障有什么现象？故障原因有哪些？如何处理？

故障现象：

（1）卡瓦打捞筒捞不到落物。

（2）捞到落物后拔不动。

（3）起出仪器后，卡瓦筒部件损坏或井下仪器脱扣。

故障原因：

（1）落物被脏物填埋，落物的鱼顶变形。

（2）落物在井下卡钻严重或管柱变形。

（3）卡瓦筒与压紧头拉脱、卡瓦片损坏或绳帽从螺纹处拉脱。

处理方法：

（1）采用反洗井的办法将脏物洗出。

（2）卡瓦筒下井前与振荡器连接好，抓住落物后反复振荡，直到解卡为止。

（3）仪器下井前要认真检查并将各连接部位紧固好。

（4）上述方法无效则报作业解决。

17. 测试时螺纹脱扣的故障有什么现象？故障原因有哪些？如何处理预防？

故障现象：

仪器工具起下过程中，指重器显示负荷降低，仪器起出后仪器螺纹部分脱扣掉入井内。

故障原因：

（1）密封圈破损，仪器各部位未上紧。

(2) 仪器螺纹磨损或错扣。

(3) 绳结不合格，在绳帽中转动不灵活，造成仪器退扣。

(4) 新钢丝下井之前未先下井预松扭力。

处理方法：

(1) 下井前各螺纹连接部位要紧固，密封圈有损坏现象要及时更换。

(2) 若螺纹有损坏，应停止使用。

(3) 下井前要检查绳结在绳帽内的转动情况。

(4) 新钢丝下井之前一定先下井预松扭力。

18. 钢丝跳槽的故障有什么现象？故障原因有哪些？如何处理？

故障现象：

在仪器上提或下放过程中，钢丝突然松弛，从滑轮槽内跳出。

故障原因：

(1) 下放速度快，突然遇阻。

(2) 下放速度慢，钢丝放得太松。

(3) 操作不平稳，导致钢丝猛烈跳动。

(4) 滑轮不正，未对准绞车或轮边有缺口。

(5) 提仪器前，未去掉密封帽上棉纱之类的东西。

处理方法：

下放钢丝一定要平稳操作，控制好刹车。发现跳槽后绞车岗应继续下放钢丝，不能刹车，井口岗立即紧死堵头密封圈，然后将钢丝扶入滑轮槽，并查明跳槽原因。

19. 钢丝拔断的故障有什么现象？故障原因有哪些？如何处理？

故障现象：

上提仪器时，负荷突然增大后又突然降低，钢丝出现松

弛现象，起出后钢丝变短，或测试仪器、工具掉入井内。

故障原因：

（1）钢丝质量不好，有砂眼、内伤或死弯。

（2）钢丝使用时间过长，没有及时更换。

（3）绳帽打得不合要求，圆环有裂痕或圆环拉出。

（4）操作不平稳，仪器通过工作筒时速度过快。

（5）仪器在起下过程中突然遇卡，未及时停车或卸掉负荷。

处理方法：

（1）定期检查钢丝质量，定期更换测试钢丝。

（2）钢丝绳结必须打结实，严格检查小圆环有无伤痕，如有伤痕应重新打绳结。

（3）起下过程中随时观察指重器的负荷变化。

（4）操作一定要平稳，禁止猛起、猛放。

（5）在仪器未出工作筒或斜井中上提仪器时，速度不超过60m/min。

20. 卡钻的故障有什么现象？故障原因有哪些？如何处理？

故障现象：

仪器工具上提过程中，指重器负荷增大，仪器不能上提。

故障原因：

（1）井内有落物，造成仪器卡钻。

（2）分层测试井中的水质不好、有脏物，仪器卡在工作筒内。

（3）工作筒有毛刺，工具、仪器螺钉退扣，下井工具不合格。

（4）出砂或严重结蜡造成仪器卡钻。

（5）井斜、仪器长，别劲大，管柱变形。

处理方法：

（1）有落物的井，必须打捞落物后，方可下仪器测试。

（2）仪器在上提或下放过程中如有遇卡现象，不硬拔、硬下，应勤活动，慢起下。

（3）仪器通过工作筒时速度要缓慢，通过后再用正常的速度起下，若仪器在工作筒内卡住，应不硬拔、勤活动、慢上提。

（4）注意检查下井工具的质量。

（5）起下过程中随时观察指重器的负荷变化。

21. 钢丝在井口关断的故障有什么现象？故障原因有哪些？如何处理？

故障现象：

关阀门时钢丝从测试堵头弹出，测试仪器、工具带部分钢丝掉入井内。

故障原因：

（1）操作人员思想不集中，配合不好将钢丝关断。

（2）转数表失灵或跳字，仪器没有起到防喷管内，既没有听到声音又未进行试探闸板，而关死阀门导致钢丝关断。

（3）测试时井口没有挂牌或把清蜡阀门与总阀门用钢丝绑住后，试井人员离开。采油工关阀门，把钢丝关断，造成钢丝和仪器落入井内。

处理方法：

（1）各岗位密切配合，思想集中，听班长命令方可关闭阀门，用钢丝将井口绑住或挂牌。

（2）仪器起到井口时，一定要先听声音，后试探闸板后，确认仪器进入防喷管后，方可关闭阀门。

（3）进行不关井测压或测恢复压力时，一定要与采油工

联系交谈后方可离开。

22. 测试时计数器或计量装置突然失灵的故障有什么现象？故障原因哪些？如何处理？

故障现象：

测试过程中，计数器出现跳字、卡字或停止计数的现象。

故障原因：

（1）计数器传动软轴断或连接不牢固。

（2）计量轮轴承损坏，导致计量轮不能转动。

（3）冬季施工时，绞车温度过低造成计量轮冰卡或打滑等。

（4）机械计数器内齿轮损坏或卡死或电子计数器线路故障造成断电。

处理方法：

（1）发现转数表失灵，应立即停车，查明原因，并记清已经起下的深度，然后根据实际情况决定起下。

（2）若下仪器时发现失灵，下入深度不多，可将仪器摇至井口，对好转数表后再下；下深较多，可事先计算好还需下入深度，将转数表对零后再下；如果是在分层井进行测试，若出现计数器或计量装置失灵故障，则不必停车，可直接将仪器坐入层段后，再检查处理。

（3）上起仪器过程中发现转数表失灵，也应立即停车，查明原因，并记清已经起上的深度，计算好还需上起的深度，将转数表归零后再上起；若还需上起深度不多时，应用手摇将仪器起至井口，防止从井口撞掉仪器发生事故。

23. 钢丝从绞车计量轮处跳槽的故障有什么现象？故障原因有哪些？如何处理？

故障现象：

测试过程中，钢丝从计量轮处跳出，计数器不工作。

故障原因：

（1）仪器下放速度快，突然遇阻所致。

（2）下仪器过程中钢丝绷得不紧，突然遇阻，未及时将刹车刹住。

（3）绞车与井口未对正，别劲大。

（4）转数表架子保养做得不好，压紧轮和计量轮咬合不适宜或未将钢丝压紧等导致。

处理方法：

发现跳槽后，绞车岗应继续下放钢丝，不许刹车，并立即通知中间岗和井口岗，井口岗应立即紧死堵头密封圈，中间岗拉住钢丝，绞车岗将钢丝扶入转数表架子量轮槽内，查明跳槽原因后，决定起下仪器。如是压紧轮问题，应调整或更换压紧轮，使之与计量轮咬合紧密。

24. 联动测试时电流变大的故障有什么现象？故障原因有哪些？如何处理？

故障现象：

正常测试时地面控制箱电流表示值超出正常范围，同时控制箱发出过载报警。

故障原因：

（1）电缆头进水，造成短路。

（2）电缆质量原因，造成短路。

（3）绞车电缆滑环接头短路。

（4）井底堵塞器调不动。

（5）井下测调仪有故障。

处理方法：

（1）重新连接电缆头。

（2）更换质量合格的电缆，或找出电缆短路点，视情况

切除或更换电缆。

（3）检查滑环接头，找出故障点排除。

（4）打捞出堵塞器，并更换合格的堵塞器。

（5）维修更换井下测调仪。

25. 联动测试井下堵塞器调不动的故障有什么现象？故障原因有哪些？如何处理？

故障现象：

对可调堵塞器进行调整时，地面控制箱电流变大，反复调整，水量没有明显变化。

故障原因：

（1）可调堵塞器损坏或卡死。

（2）测调仪机械调节臂有故障。

（3）堵塞器水嘴被卡死。

（4）测调仪加重不够或堵塞器调节接头内有脏物，造成调节头和堵塞器结合不紧密。

处理方法：

（1）如是堵塞器损坏，应下入投捞器将损坏的堵塞器捞出，再投入好用的可调堵塞器后，进行调配。

（2）将测调仪起出，在地面修理好机械调节臂，并进行试调后，再下入井进行调配。

（3）调节头与堵塞器结合不好，可适当加重，或洗井后重新调配。

26. 注水井联动测调仪的故障有什么现象？故障原因有哪些？如何处理？

故障现象：

地面计算机发出操作指令后，井下仪不工作或地面控制箱显示电流值增大。

故障原因：

（1）密封圈失效或密封胶带不严，致使电缆头进水。

（2）测试时电流超出电动机的工作电流，致使电动机损坏。

（3）井底太脏；调节臂内部零件有损坏或内部污垢过多。

（4）钢丝绳有断裂或断股的现象。

（5）密封圈过度磨损或缺损造成测试水量不准。

（6）各传感器出现故障，或仪器内部集成电路板有损坏。

处理方法：

（1）更换密封圈。

（2）找出电流过大的原因，排除故障。

（3）分解调节臂，清洗各个零件，更换损坏的零件。

（4）更换新的钢丝绳。

（5）更换密封圈。

（6）检查维修各个部件，如不能使用则更换，重新标定后才能使用。

（7）更换导向锁块，或弹簧。

27. 联动测试车载逆变电源的故障有什么现象？故障原因有哪些？如何处理？

故障现象：

（1）输出电压不稳定。

（2）打开电源开关无反应。

（3）逆变电源工作时，时断时续。

故障原因：

（1）逆变电源稳压功能不正常。

（2）电源开关接触不良或损坏。

（3）车辆颠簸，造成接线柱松动。

处理方法：

（1）更换逆变电源稳压器。

（2）重新连接电源开关或更换电源开关。

（3）定期检查接线柱，如有松动及时紧固。

28. 联动测试液压电缆绞车的故障有什么现象？故障原因有哪些？如何处理？

故障现象：

（1）拉动操作手柄，控制压力不发生变化。

（2）液压马达转速低。

（3）系统噪声过高。

（4）液压油内有泡沫或气泡。

（5）液压油呈现白色或乳白色。

（6）油量过大，升温过快。

故障原因：

（1）油箱开关未打开或滤油器堵塞。

（2）液压马达或液压泵磨损严重，造成容积效率下降，溢流阀及其他元件失灵，内泄过大。

（3）螺栓松动或系统内存有空气。

（4）吸油管内进入空气。

（5）液压油内有水。

（6）溢流阀损坏，自动卸载造成泵及马达内泄大。

处理方法：

（1）检查油箱阀门和滤油器。

（2）检查液压泵、液压马达、溢流阀等。

（3）检查过滤器顶盖上的密封圈是否完好；检查马达固定螺栓。

(4) 检查液压油箱的气泡，旋紧管连接。

(5) 检查旋紧吸油管接头。

(6) 更换新的液压油。

29. 测试绞车常见的故障有什么现象？故障原因有哪些？如何处理？

故障现象：

(1) 排丝器不工作，电缆或钢丝排列不整齐。

(2) 电子计数器或电子指重器不显示。

(3) 刹车失灵。

(4) 液压动力不足。

(5) 滚筒转动不平稳或有异响。

故障原因：

(1) 滑块损坏，麻花轴损坏。

(2) 连接线断、电源开关有故障或未打开。

(3) 刹车带磨损严重或连接件腐蚀、断裂。

(4) 油路堵塞、液压油位过低或控制阀调试不当。

(5) 滚筒轴承损坏。

处理方法：

(1) 更换滑块或麻花轴。

(2) 检查电源线路。

(3) 检查更换刹车带或连接件。

(4) 排除堵塞或加注相同型号液压油、重新调试控制阀。

(5) 更换轴承。

30. 影响测试的抽油机常见故障有什么现象？故障原因有哪些？如何处理？

故障现象：

因抽油机电路、设备或深井泵存在问题，而无法进行正

常测试。

故障原因：

（1）井筒内壁结蜡，砂卡或衬套乱。

（2）抽油杆的韧性不够或使用时间过长，抽油杆质量有问题。

（3）驴头顶丝没有或松动，驴头有落物落下。

（4）悬绳器脱离抽油杆，悬绳器有电火花。

（5）长时间使用、经常大负荷工作造成卡子松，或卡子没有紧固好。

（6）毛辫子使用时间长或毛辫子出槽造成毛辫子断股没有及时更换，悬绳器无销子。

（7）配电箱内的电路部分老化或有松动，使用时产生弧光或火球伤人。

（8）刹车不灵活或无刹车，连杆硬度不够或刹车手柄无法固定。

处理方法：

（1）采用热洗的方法解除井壁结蜡的现象，采用作业的方法解决砂卡或衬套乱。

（2）选择质量合格的抽油杆，抽油杆使用一定时间后要及时更换。

（3）安装驴头顶丝并紧固好，安装完驴头后检查驴头内有无异物或工具。

（4）悬绳器上安装挡板并上紧，检查配电箱内是否有外接电，并察看有无接地线。

（5）要经常检查卡子是否松动，如有松动应及时紧固。

（6）检查毛辫子是否有断股现象，如有应及时更换，给悬绳器安装销子防止毛辫子出槽。

（7）经常检查电路是否松动或老化，如有松动或老化应及时紧固或更换。

（8）采用质量合格的刹车杆，对刹车经常进行保养，如果刹车有故障应及时修理。

31. 综合测试仪常见故障有什么现象？故障原因有哪些？如何处理？

故障现象：

（1）打开载荷位移传感器电源开关，没有蜂鸣音且指示灯无显示。

（2）位移拉线拉不动，拉线有卡阻现象，或所测冲程与实际不相符。

（3）测试时综合测试仪测试功能失效，无法继续操作。

（4）测试液面时，击发发声装置后，主机无反应。

（5）打开套管阀门时，有漏气现象。

（6）测试液面时曲线不合格。

（7）综合测试仪进行通信时无反应。

故障原因：

（1）载荷位移传感器电源开关损坏、电池没有电、开焊或断线。

（2）位移拉线齿轮掉齿，产生位移漂移大。

（3）测试仪在录取资料过程中，出现死机现象。

（4）微音器连接线断或微音器损坏。

（5）井口连接器接头螺纹损坏或放气阀损坏，漏气严重。

（6）增益调整不合理，微音器脏。

（7）因通信电缆或通信端口出现故障，通信失败。

处理方法：

（1）更换电源开关或重新焊接断线。

（2）维修后重新标定。

（3）关机并重新开机。

（4）检查微音器连接线进行修复或更换。

（5）更换接头或放气阀，重新测试。

（6）重新调整增益，清洗微音器室及微音器，如有损坏及时更换。

（7）维修或更换通信电缆或通信端口。